我国战略性海洋新兴产业发展政策研究

The Development Policy Research on the New Marine Strategic Industries in China

仲雯雯　著

经济管理出版社
ECONOMY & MANAGEMENT PUBLISHING HOUSE

图书在版编目（CIP）数据

我国战略性海洋新兴产业发展政策研究/仲雯雯著 . —北京：经济管理出版社，2015.12
ISBN 978 - 7 - 5096 - 4034 - 0

Ⅰ.①我…　Ⅱ.①仲…　Ⅲ.①海洋开发—新兴产业—产业政策—研究—中国
Ⅳ.①P74

中国版本图书馆 CIP 数据核字（2015）第 266337 号

组稿编辑：宋　娜
责任编辑：杨雅琳
责任印制：黄章平
责任校对：赵天宇

出版发行：经济管理出版社
　　　　　（北京市海淀区北蜂窝 8 号中雅大厦 A 座 11 层　100038）
网　　　址：www. E - mp. com. cn
电　　　话：（010）51915602
印　　　刷：三河市延风印装有限公司
经　　　销：新华书店
开　　　本：720mm×1000mm/16
印　　　张：10.5
字　　　数：172 千字
版　　　次：2015 年 12 月第 1 版　2015 年 12 月第 1 次印刷
书　　　号：ISBN 978 - 7 - 5096 - 4034 - 0
定　　　价：88.00 元

第四批《中国社会科学博士后文库》编委会及编辑部成员名单

(一) 编委会

主　任：张　江

副主任：马　援　　张冠梓　　俞家栋　　夏文峰

秘书长：张国春　　邱春雷　　刘连军

成　　员（按姓氏笔画排序）：

卜宪群	方　勇	王　巍	王利明	王国刚	王建朗	邓纯东
史　丹	刘　伟	刘丹青	孙壮志	朱光磊	吴白乙	吴振武
张车伟	张世贤	张宇燕	张伯里	张星星	张顺洪	李　平
李　林	李　薇	李永全	李汉林	李向阳	李国强	杨　光
杨　忠	陆建德	陈众议	陈泽宪	陈春声	卓新平	房　宁
罗卫东	郑秉文	赵天晓	赵剑英	高培勇	曹卫东	曹宏举
黄　平	朝戈金	谢地坤	谢红星	谢寿光	谢维和	裴长洪
潘家华	冀祥德	魏后凯				

(二) 编辑部（按姓氏笔画排序）：

主　任：张国春（兼）

副主任：刘丹华　　曲建君　　李晓琳　　陈　颖　　薛万里

成　　员（按姓氏笔画排序）：

王　芳	王　琪	刘　杰	孙大伟	宋　娜	苑淑娅	姚冬梅
郝　丽	梅　枚	章　瑾				

序 言

2015 年是我国实施博士后制度 30 周年，也是我国哲学社会科学领域实施博士后制度的第 23 个年头。

30 年来，在党中央国务院的正确领导下，我国博士后事业在探索中不断开拓前进，取得了非常显著的工作成绩。博士后制度的实施，培养出了一大批精力充沛、思维活跃、问题意识敏锐、学术功底扎实的高层次人才。目前，博士后群体已成为国家创新型人才中的一支骨干力量，为经济社会发展和科学技术进步作出了独特贡献。在哲学社会科学领域实施博士后制度，已成为培养各学科领域高端后备人才的重要途径，对于加强哲学社会科学人才队伍建设、繁荣发展哲学社会科学事业发挥了重要作用。20 多年来，一批又一批博士后成为我国哲学社会科学研究和教学单位的骨干人才和领军人物。

中国社会科学院作为党中央直接领导的国家哲学社会科学研究机构，在社会科学博士后工作方面承担着特殊责任，理应走在全国前列。为充分展示我国哲学社会科学领域博士后工作成果，推动中国博士后事业进一步繁荣发展，中国社会科学院和全国博士后管理委员会在 2012 年推出了《中国社会科学博士后文库》（以下简称《文库》），迄今已出版四批共 151 部博士后优秀著作。为支持《文库》的出版，中国社会科学院已累计投入资金 820 余万元，人力资源和社会保障部与中国博士后科学基金会累计投入 160 万元。实践证明，《文库》已成为集中、系统、全面反映我国哲学社会科学博士后优秀成果的高端学术平台，为调动哲学社会科学博士后的积极性和创造力、扩大哲学社会科学博士后的学术影响力和社会影响力发挥了重要作用。中国社会科学院和全国博士后管理委员会将共同努力，继续编辑出版好《文库》，进一步提高《文库》的学术水准和社会效益，使之成为学术出版界的知名品牌。

哲学社会科学是人类知识体系中不可或缺的重要组成部分，是人们认识世界、改造世界的重要工具，是推动历史发展和社会进步的重要力量。建设中国特色社会主义的伟大事业，离不开以马克思主义为指导的哲学社会科学的繁荣发展。而哲学社会科学的繁荣发展关键在人，在人才，在一批又一批具有深厚知识基础和较强创新能力的高层次人才。广大哲学社会科学博士后要充分认识到自身所肩负的责任和使命，通过自己扎扎实实的创造性工作，努力成为国家创新型人才中名副其实的一支骨干力量。为此，必须做到：

第一，始终坚持正确的政治方向和学术导向。马克思主义是科学的世界观和方法论，是当代中国的主流意识形态，是我们立党立国的根本指导思想，也是我国哲学社会科学的灵魂所在。哲学社会科学博士后要自觉担负起巩固和发展马克思主义指导地位的神圣使命，把马克思主义的立场、观点、方法贯穿到具体的研究工作中，用发展着的马克思主义指导哲学社会科学。要认真学习马克思主义基本原理、中国特色社会主义理论体系和习近平总书记系列重要讲话精神，在思想上、政治上、行动上与党中央保持高度一致。在涉及党的基本理论、基本路线和重大原则、重要方针政策问题上，要立场坚定、观点鲜明、态度坚决，积极传播正面声音，正确引领社会思潮。

第二，始终坚持站在党和人民立场上做学问。为什么人的问题，是马克思主义唯物史观的核心问题，是哲学社会科学研究的根本性、方向性、原则性问题。解决哲学社会科学为什么人的问题，说到底就是要解决哲学社会科学工作者为什么人从事学术研究的问题。哲学社会科学博士后要牢固树立人民至上的价值观、人民是真正英雄的历史观，始终把人民的根本利益放在首位，把拿出让党和人民满意的科研成果放在首位，坚持为人民做学问，做实学问、做好学问、做真学问，为人民拿笔杆子，为人民鼓与呼，为人民谋利益，切实发挥好党和人民事业的思想库作用。这是我国哲学社会科学工作者，包括广大哲学社会科学博士后的神圣职责，也是实现哲学社会科学价值的必然途径。

第三，始终坚持以党和国家关注的重大理论和现实问题为科研主攻方向。哲学社会科学只有在对时代问题、重大理论和现实问题的深入分析和探索中才能不断向前发展。哲学社会科学博士后要根据时代和实践发展要求，运用马克思主义这个望远镜和显微镜，增强辩证思维、创新思维能力，善于发现问题、分析问题，积极推动解决问题。要深入研究党和国家面临的一系列亟待回答和解决的重大理论和现实问题，经济社会发展中的全局性、前瞻性、战略性问题，干部群众普遍关注的热点、焦点、难点问题，以高质量的科学研究成果，更好地为党和国家的决策服务，为全面建成小康社会服务，为实现"两个一百年"奋斗目标和中华民族伟大复兴中国梦服务。

第四，始终坚持弘扬理论联系实际的优良学风。实践是理论研究的不竭源泉，是检验真理和价值的唯一标准。离开了实践，理论研究就成为无源之水、无本之木。哲学社会科学研究只有同经济社会发展的要求、丰富多彩的生活和人民群众的实践紧密结合起来，才能具有强大的生命力，才能实现自身的社会价值。哲学社会科学博士后要大力弘扬理论联系实际的优良学风，立足当代、立足国情，深入基层、深入群众，坚持从人民群众的生产和生活中，从人民群众建设中国特色社会主义的伟大实践中，汲取智慧和营养，把是否符合、是否有利于人民群众根本利益作为衡量和检验哲学社会科学研究工作的第一标准。要经常用人民群众这面镜子照照自己，匡正自己的人生追求和价值选择，校验自己的责任态度，衡量自己的职业精神。

第五，始终坚持推动理论体系和话语体系创新。党的十八届五中全会明确提出不断推进理论创新、制度创新、科技创新、文化创新等各方面创新的艰巨任务。必须充分认识到，推进理论创新、文化创新，哲学社会科学责无旁贷；推进制度创新、科技创新等各方面的创新，同样需要哲学社会科学提供有效的智力支撑。哲学社会科学博士后要努力推动学科体系、学术观点、科研方法创新，为构建中国特色、中国风格、中国气派的哲学社会科学创新体系作出贡献。要积极投身到党和国家创新洪流中去，深入开展探索性创新研究，不断向未知领域进军，勇攀学术高峰。要大力推进学术话语体系创新，力求厚积薄发、深入浅出、语言朴实、文风清新，力戒言之无物、故作高深、食洋不化、食古不化，不断增强我国学术话语体系的说服力、感染力、影响力。

"长风破浪会有时，直挂云帆济沧海。"当前，世界正处于前所未有的激烈变动之中，我国即将进入全面建成小康社会的决胜阶段。这既为哲学社会科学的繁荣发展提供了广阔空间，也为哲学社会科学界提供了大有作为的重要舞台。衷心希望广大哲学社会科学博士后能够自觉把自己的研究工作与党和人民的事业紧密联系在一起，把个人的前途命运与党和国家的前途命运紧密联系在一起，与时代共奋进、与国家共荣辱、与人民共呼吸，努力成为忠诚服务于党和人民事业、值得党和人民信赖的学问家。

是为序。

张江

中国社会科学院副院长

中国社会科学院博士后管理委员会主任

2015 年 12 月 1 日

摘　要

　　2008 年的全球金融危机使各国经济发展面临着经济增长、资源环境和科技等多方面压力，整个世界进入了"后危机时代"。历史经验表明，全球性经济危机往往催生重大科技创新，科学技术在"后危机时代"世界经济发展中的作用更加凸显。面临世界经济结构调整和新科技革命的重要机遇期，世界各国特别是发达国家纷纷把科技创新作为争夺经济科技制高点的强大武器，以抢占未来世界经济发展的有利地位。为顺应"后危机时代"的发展潮流，积极应对国际金融危机对中国经济的影响，国家领导人和专家学者逐渐认识到我国应对金融危机的根本出路在于培育新的经济增长点，激发经济增长的内生动力，提出发展战略性新兴产业以抢占经济科技制高点，并逐步使战略性新兴产业成为经济社会发展的主导力量。作为战略性新兴产业的重要组成部分，以海洋高新技术为主要特征的战略性海洋新兴产业，成为各国争相抢占的科技制高点。在此背景下，本书力图通过分析制约战略性海洋新兴产业发展的因素和我国战略性海洋新兴产业发展政策中存在的不足，借鉴国外战略性海洋新兴产业发展政策的成功经验，研究构建以科学发展观为指导、以增强自主创新能力为主线的新时期战略性海洋新兴产业发展政策框架，为积极推动战略性海洋新兴产业的发展提供政策建议，同时为制定和实施我国战略性海洋新兴产业政策提供理论和方法上的参考依据。

　　本书本着理论与实际相结合的原则，在技术创新理论、内生经济增长理论、制度变迁理论以及可持续发展理论的指导下，综合运用规范研究与实证研究相结合的方法、系统与联系相结合的方法、定性分析与比较分析相结合的方法，从宏观层面和中观层面对我国战略性海洋新兴产业发展政策进行系统的研究。

本书在回顾产业政策的相关理论基础上，首先对我国战略性海洋新兴产业进行界定，阐明我国战略性海洋新兴产业发展政策的内涵，接着指出技术创新理论、内生经济增长理论、制度变迁理论以及可持续发展理论是本书的理论基础。基于这些理论，本书首先对我国战略性海洋新兴产业的发展现状展开分析，找出我国战略性海洋新兴产业发展中存在的问题及其原因，并指出这些问题应从政策层面予以解决；其次对国内外战略性海洋新兴产业发展政策分别进行详尽的分析，总结国外战略性海洋新兴产业发展政策的经验，指出我国战略性海洋新兴产业发展政策的特点、缺失并提出相应的政策需求；最后结合上述综合分析，以科学发展观为指导提出我国战略性海洋新兴产业的发展战略以及具体的发展政策。

本书的研究成果有以下几项：从战略性海洋新兴产业的提法、内涵和特征、选择依据等方面对我国战略性海洋新兴产业进行了尝试性界定，指出其包含的范围，并提出了我国战略性海洋新兴产业发展政策的内涵；提出建立我国战略性海洋新兴产业发展政策框架，包含由指导思想、发展思路、基本原则、重点任务构成的发展战略和由法律法规与制度环境政策、技术政策、投融资政策、人才政策构成的具体发展政策；在我国战略性海洋新兴产业发展战略方面和具体发展政策方面提出新的政策建议。

通过研究，本书得出以下几点结论：

首先，我国战略性海洋新兴产业发展存在相关的政策法规不健全、缺乏相应的管理和协调机构、技术自主研发能力薄弱、科技成果转化率低、缺乏有效的投融资机制、人才储备不足、高层次人才匮乏以及国际合作有待加强的问题。这些问题的出现归结起来是由于产业发展所处的阶段以及技术、资金和人才等因素的制约，这也正是从政策层面解决这些问题的切入点。

其次，发达国家通过制定产业发展政策有效地促进了战略性海洋新兴产业的发展。美国、日本等海洋经济发达的国家由于具体国情与海洋经济发展阶段不同，其战略性海洋新兴产业发展战略与具体发展政策也呈现出一定的差异。然而，各国普遍采取制定政策规划、成立管理与协调机构、加强技术研发与成果转化、建立有效的投融资机制、加强人才培养和国际合作等政策措施，有效地规范和推动了战略性海洋新兴产业的发展。结合我国战略性海洋新兴产业的具体特点，借鉴国外的成功经验和模式来制定我国战略性海洋新兴产业的发展政策，对于促进我国战略性海洋新兴产业的跨越式发展具有积极意义。

　　最后，通过分析我国战略性海洋新兴产业现有发展政策的特点、缺失和政策需求，构建我国战略性海洋新兴产业发展政策体系。在21世纪"后危机时代"，适逢"十二五"发展的战略机遇期，应以增强自主创新能力为主线，秉承基于生态系统的海洋综合管理理念，制定我国战略性海洋新兴产业发展战略和具体发展政策，形成一个层次分明、效力有别、科学合理而又运行有效的战略性海洋新兴产业发展政策体系，并以此促进海洋产业结构的调整和海洋经济增长方式的转变。

　　关键词：战略性海洋新兴产业；产业发展政策；海洋科技；自主创新

Abstract

The whole world has entered "post – crisis era" with the pressure of economic growth, resources environment and science & technology caused by global financial crisis. Historical experience shows that science & technology innovation is always produced by the global economic crisis, which plays a significant role in the development of the world economy. In face of important opportunity time of economic structure adjustment and new technology revolution, countries all of the world regard science & technology innovation as powerful weapon striving for the competitive frontier of economy and science & technology so as to occupy advantageous position in the future development of the world economy. In order to follow the tide of "post – crisis era" and cope with the effect of international financial crisis, our leaders and experts realize that the fundamental way is to cultivate new economic growth point and stimulate endogenous power of economic growth. That is, the new strategic industries should be the competitive science & technology frontier, which becomes the leading force of economic and social development gradually. Being an important part of the new strategic industries, the new marine strategic industries featured by high and new technology have been emerging as the competitive frontier for most of coastal countries and regions. Under this circumstances, this paper seeks to analyze the factors which restrict our country's new marine strategic industries and the weakness in our country's new marine strategic industries development policies, and to use successful experience of foreign countries' new marine strategic industries development policies for reference, building the framework of new marine strategic industries development policies guided by scientific outlook on development and leaded by improving the strength of independent innovation, which provides policy proposals for promoting the development of our country's new marine strategic industries and provides reference for formulating and carrying out new marine strategic industrial policies in theory and methods.

Guided by the theories of technological innovation, endogenous economic growth, institutional change and sustainable development, this paper studies our country's new marine strategic industries development policies from macroscopic level and mesospheric level with the principle of combining theory with practice and comprehensive use of normative research and the empirical research, system and contact research, qualitative analysis and comparative analysis.

Based on the review of industrial policies related theories, this paper defines new marine strategic industry firstly and elaborates the connotation of new marine strategic industrial policies, then point out the theoretical basis: technological innovation theory, endogenous economic growth theory, institutional change theory and sustainable development theory. Based on these theories, it analyzes the current development of the new marine strategic industries, finding out existing problems and its reasons which should be solved from the policy perspective. Then, it analyzes our country's and other countries' new marine strategic industries development policies separately, summarizing foreign countries' experience and indicating characteristics, disadvantages and policy needs of our country's new marine strategic industries development policies. At last, guided by sustainable development theory, it proposes development strategy and specific development policy of the new marine strategic industries in China.

As for research results, it tries to define the new marine strategic industries and its scope from formulation, connotation, features, selecting reference and proposes the connotation of the new marine strategic industries development policies; it proposes the framework of the new marine strategic industries development policies in China including development strategy comprising of guiding ideology, development thought, basic principles, key tasks and specific development policy comprising of industrial laws and regulations and institutional environment policies, industrial technical policies, industrial investing and financing policies; it proposes new policy suggestions on development strategy and specific development policy of the new marine strategic industries in China.

The main conclusions of this paper are:

First, there are some problems existing in the development of the new marine strategic industries including incompletion of related laws and regulations, lacking administrating and coordinating institutions, the weakness of technical independent research and development capacity, the low rate of science and technology achievements conversion, lacking effective investing and financing mechanism, the shortage of talents reservation, the weakness of international cooperation. These problems are restricted by some factors such as the stage, the technology, the capital and the talents of the development of the new marine strategic industries, which should be entry points solving problems from the policy perspective.

Second, it is effective to stimulate the development of the new marine strategic industries in advanced countries through formulating industrial development policy. There exists difference in development strategy and specific development policy of the new marine strategic industries among advanced marine economy countries such as the America and Japan because of specific conditions and the different stage of marine economy development. However, it is effective to standardize and stimulate the development of the new marine strategic industries in advanced countries through taking measures of plan and policy formulating, administrating and coordinating institutions establishing, innovative capability building, technical independent research and development as well as science and technology achievements conversion accelerating, financial mechanism optimizing, high-end professional human resource training and international cooperation strengthening, etc. It is necessary to formulate new marine strategic industries development policies by using foreign countries' successful experience for reference with the combination of specific characteristics of our new marine strategic industries, which poses positive significance on promoting the new marine strategic industries in China.

Besides, it builds development policies system of the new marine strategic industries in China by analyzing characteristics, disadvantages and policy needs of our country's new marine strategic industries present development policies. In the "post – crisis era" of 21st century, in face of "the twelfth five – year" development period of strategic opportunities, it is urgent to formulate development strategy and specific development policy of the new marine strategic industries in China leaded by improving the strength of independent innovation and ecosystem – based integrated marine management, forming effective and efficient development policies system of the new marine strategic industries, which accordingly promotes the adjustment of marine industrial structure and the transformation of the pattern of marine economic growth.

Key Words: New Marine Strategic Industries; Industrial Development Policy; Marine Science & Technology; Independent Innovation

目　录

Contents

第一章 绪 论

第一节 研究背景

战略性海洋新兴产业是海洋领域内的战略性新兴产业，它是伴随着战略性新兴产业的提出而提出的。战略性新兴产业的提出，正如其他一切新生事物的出现一样，涉及经济、科技、文化、政治等诸多因素，更有其深刻的时代背景。2008 年 9 月，全球金融危机全面爆发。金融危机使各国经济发展面临着经济增长、资源环境约束和科技等多方面压力，整个世界进入了"后危机时代"。历史经验表明，全球性经济危机往往催生重大科技创新和科技革命，科学技术在"后危机时代"世界经济发展中的作用更加凸显。在世界经济结构调整、经济复苏的要求和新一轮经济繁荣的推动下，世界各国特别是发达国家已经展开了抢占科技制高点的竞赛，把科技创新投资作为最重要的战略投资，以抢占在未来世界经济发展的强有力地位。面对世界正处在新科技革命的重要机遇期，以高新技术为主要特征的战略性新兴产业适逢大好的发展机遇。于是，战略性新兴产业逐渐变为"后危机时代"各国走向经济复兴的产业发展选择，一些发达国家及地区，如美国、日本、欧盟等，都将注意力转向新兴产业，并给予前所未有的强有力政策支持，寄希望通过战略性新兴产业振兴危机后的本国经济。①②

---

① Tang R. , *The Rise of China's Auto Industry and its Impaction the U. S. Motor Vehicle Industry*, Congressional Research Service, 2009.

② Maryann F. , Irina L. , *The Geographic Context of Emerging Industries*, North Carolina: Georgia Institute of Technology, 2009.

　　为顺应"后危机时代"的发展潮流，积极应对国际金融危机对中国经济的影响，国家领导人和专家学者逐渐认识到中国应对金融危机的根本出路在于培育出新的经济增长点，激发经济增长的内生动力，以抢占科技制高点，归根结底要提高科学技术水平。温家宝同志在 2009 年 9 月 21～22 日的三次新兴战略性产业发展座谈会上指出，发展战略性新兴产业，是中国立足当前渡难关、着眼长远上水平的重大战略选择，要以国际视野和战略思维来选择和发展战略性新兴产业。2009 年 11 月 3 日，温家宝同志在首都科技界大会上的讲话中提到："把建设创新型国家作为战略目标，把可持续发展作为战略方向，把争夺经济科技制高点作为战略重点，逐步使战略性新兴产业成为经济社会发展的主导力量。"2009 年 12 月 5 日，胡锦涛同志在中央经济工作会议上发表重要讲话，提出要发展战略性新兴产业，推进产业结构调整。2010 年，战略性海洋新兴产业的培育与发展问题更是被提上了议事日程。中共中央先后发布《国务院关于加快培育和发展战略性新兴产业的决定》和《中共中央关于制定国民经济和社会发展第十二个五年规划的建议》，使得发展战略性新兴产业成为深入贯彻落实科学发展观、加快转变发展方式、增强综合国力和竞争力、实现我国经济社会可持续发展的战略决策。

　　21 世纪是海洋的世纪。随着社会经济的进一步发展，资源储量丰富的海洋日益成为人类生存与发展的新空间，海洋经济对国民经济的贡献率正日益提升。中国的海洋经济在 21 世纪保持了强劲的发展势头，2001～2009 年海洋生产总值以年均 16.3% 的速度增长，高出同期国内生产总值 1.4 个百分点。2009 年全国海洋生产总值更是达到 31964 亿元，占国内生产总值的9.53%，占沿海地区生产总值的比重达 15.5%，海洋经济成为中国经济新的增长点和亮点。[①] 在 2009 年 9 月温家宝同志连续主持召开的三次战略性新兴产业发展座谈会上，阐述了五个重点领域的产业规划，其中就包括空间与海洋探索。2009 年 11 月 3 日，温家宝同志在首都科技界大会上的讲话中更是明确指出战略性新兴产业包括空间海洋开发。在国务院对加快培育战略性新兴产业进行总体部署的同时，战略性海洋新兴产业应运而生。2010年初，孙志辉同志做出了《展望 2010，撑起海洋战略新产业》的讲话，讲话中对战略性海洋新兴产业的定义、特征和意义进行了阐述，并着重强调

---

① 国家海洋局：《2009 年中国海洋经济统计公报》，海洋出版社 2009 年版。

了海洋科技和高新技术发展对战略性海洋新兴产业发展的极端重要性。继而，国家海洋局海洋科学技术司成立了由局内外知名专家组成的规划战略研究和规划文本编写组，启动了战略性海洋新兴产业规划研究工作。自此，拉开了战略性海洋新兴产业研究与发展的序幕。

第二节　研究的目的和意义

面对国际经济格局的新变化与科技革命形势的新发展，各国都在积极寻求应对国际金融危机和未来可持续发展的有效出路。培育战略性新兴产业，正是我国着眼于争夺经济科技制高点、实现经济赶超和民族复兴而做出的重要战略抉择。作为海洋科技和海洋新兴产业深度融合的战略性海洋新兴产业，既代表着海洋科技创新的方向，也代表着海洋产业发展的方向，能够从根本上推动海洋经济结构的优化和海洋经济发展方式的转变，尽快形成与我国现阶段经济发展要求相适应的海洋科学技术实力与自主创新能力。因此，要结合我国实际情况，积极探索发展战略性海洋新兴产业的方式方法成为当前理论界和学术界的研究要务。随着国家经济政策体系的不断完善，产业政策作为政府为了实现某种经济和社会目标而采用的宏观调控手段，对产业发展的调控和推动作用日趋明显。产业发展政策作为产业政策的重要组成部分，是为实现一定的产业目标而制定的促进产业发展的一系列具体政策，与产业结构政策、产业组织政策共同构成产业政策体系。本书所研究的战略性海洋新兴产业发展政策是在分析我国战略性海洋新兴产业发展现状的基础上，总结国内外战略性海洋新兴产业发展政策经验，瞄准国际战略性海洋新兴产业的发展趋势，结合我国经济社会发展阶段性特点和宏观调控要求，研究构建以科学发展观为指导、以增强自主创新能力为主线的新时期战略性海洋新兴产业发展政策框架，为积极推动战略性海洋新兴产业发展提供政策建议，同时为制定和实施我国战略性海洋新兴产业政策提供理论和方法上的参考。

为了更好地实现我国战略性海洋新兴产业的可持续发展，本书从产业经济学视角出发，结合我国战略性海洋新兴产业发展的现状，运用技术创新理论、可持续发展理论、制度变迁理论等相关理论与方法，对我国战略性海洋新兴产业的发展政策进行系统的研究，具有重要的理论意义和现实意义。

本书的理论意义主要表现在以下几个方面：

首先，本书以产业发展政策的相关理论为基础，以科学发展观为指导，以增强自主创新能力为主线，应用技术创新理论、内生经济增长理论、制度变迁理论、可持续发展理论对战略性海洋新兴产业发展政策进行系统的研究，涉及各相关研究领域的理论内容，对战略性海洋新兴产业发展政策的理论基础及有效性的认识有所突破。其次，在对相关理论的研究基础上，从提法、内涵和特征以及选择依据的角度界定战略性海洋新兴产业，有利于深化对于战略性海洋新兴产业的理论认识。再次，本书从指导思想、发展思路、基本原则、重点任务等方面提出我国战略性海洋新兴产业发展战略，为战略性海洋新兴产业的发展找到了理论基石和行动方略。最后，本书提出战略性海洋新兴产业的具体发展政策，试图勾画出一个产业发展的清晰思路，确定产业发展的重点和方向，从思路上解决战略性海洋新兴产业发展中存在的问题，为制定产业政策提供参考依据。

本书的现实意义主要表现在以下几个方面：

第一，增强自主创新能力，抢占经济科技制高点。中共十七大明确提出"提高自主创新能力，建设创新型国家"，增强自主创新能力是培育和发展战略性海洋新兴产业的中心环节。战略性新兴产业发展政策是以增强海洋科技的自主创新能力为主线，不断突破海洋生物医药、海水淡化与综合利用、海洋可再生能源、海洋装备以及深海产业关键技术的研发，对已具备产业化条件或进入应用导入期的产业技术，以产业化、商业化推动其技术创新和升级，不断提高海洋科技的原始创新、集成创新、引进消化吸收再创新的能力。制定战略性新兴产业发展政策，把加强战略性新兴产业科技创新尤其是重大创新带来的技术突破作为发展战略性海洋新兴产业的源泉和根本路径，集中力量开展关键技术和核心技术的开发应用，力争尽早实现自主知识产权，抢占海洋科技制高点，掌握战略性海洋新兴产业发展的主动权。

第二，增强我国的综合国力，提高国际竞争力。许多沿海国家已经把开发利用海洋、发展海洋经济，作为增强综合国力的一项基本国策。海洋经济对沿海国家而言是国家和民族兴衰的战略要害，海洋资源开发的巨大经济效益可以迅速改变一个国家的综合国力。战略性海洋新兴产业作为国家大力发展的战略性海洋产业，对于我国的综合国力有显著的影响。通过我国战略性新兴产业发展政策来引导、支持我国战略性新兴产业的发展，以提高我国的海洋科技实力和综合国力，为顺应以科技竞争为主导的国际经济发展潮流、在与发达资本主义国家的竞争中处于有利地位奠定良好的基础。

第三，转变海洋经济发展方式，促进经济可持续发展。我国在"九五"计划中就提出了转变经济增长方式，并于"十五"计划和"十一五"规划以及"十二五"规划建议中进一步强调了转变经济增长方式，战略性海洋新兴产业是应国家调整海洋产业结构、转变海洋经济发展方式的要求而生的。在陆地资源匮乏和环境污染严重的背景下兴起的战略性海洋新兴产业因其具有资源消耗低、综合效益好、节能环保的优势，必将积极推进海洋产业结构调整，一改我国高消耗、高污染和低效益的粗放扩张型的海洋经济增长方式。因此，通过研究战略性海洋新兴产业发展政策，能够促进我国海洋产业结构的调整、减少环境污染和生态破坏，进而推动海洋经济的长期可持续发展。

第四，拓展海洋经济发展空间，培育新的经济增长点。战略性海洋新兴产业是在金融危机的大背景下，在外部需求急剧减少、国内低端产能过剩的情况下提出来的，是扩内需稳外需、培育新的海洋经济增长点的重大举措。由于战略性新兴产业有强大的劳动力吸纳能力，能创造大量就业机会，因而凭借广阔的市场前景及强劲的产业带动力，可以将过剩的社会经济资源从传统产业转移到新兴产业上来，同时带动许多新的海洋产业发展，拓展海洋经济增长空间。通过研究战略性海洋新兴产业发展政策，可以更好地促使战略性海洋新兴产业挖掘市场潜力，发挥就业带动的作用，进一步拓展海洋经济的发展空间，培育新的经济增长点。

第三节　国内外相关研究综述

战略性海洋新兴产业是我国刚刚提出的一个新称谓，在本书的界定下，其包括的海洋生物医药业、海水淡化与综合利用业、海洋可再生能源业、海洋装备业以及深海产业一直夹杂在海洋新兴产业或是海洋高技术产业中予以研究，因此应从这两方面梳理相关的研究脉络。

一、国外相关研究综述

国外对于海洋高技术产业发展政策的研究主要通过国家一系列海洋科技发展战略及规划来体现。自 20 世纪 80 年代以来，美国、日本等海洋发达国家对于海洋高新技术的研发倾注大量心血，旨在借由海洋高新技术产业的发展不断开拓海洋开发的新领域，因而纷纷制定相应的海洋科技发展战略及规划优先发展海洋高新技术，突出海洋高新技术产业的战略地位，试图将海洋高新技术产业培育成新的经济增长点。

20 世纪 80 年代，美国就提出了《全球海洋科学计划》，把发展海洋科技提到全球战略的位置，目的在于保持并增强美国在海洋科技领域的全球优势。90 年代，美国的海洋国策就指出美国 21 世纪海洋政策目标就是充分发挥海洋在提高美国全球经济竞争力方面的作用，以高技术满足海洋产业不断增长的需要，尤其在《1995～2005 年海洋战略发展规划》（1995）中指出，重点发展海洋监测技术，提高天气、气候、海洋等方面的预报和评价工作；美国国家海洋和大气管理局作为美国主要制定和执行海洋战略的政府机构，认为美国今后海洋技术发展的重点行业在海洋观测、海洋资源开发（如深潜、海洋生物技术）和海洋空间利用方面。2004 年的《21 世纪海洋蓝图》出台后，时任美国总统布什于 12 月 17 日发布行政命令，公布了《美国海洋行动计划》，对落实《21 世纪海洋蓝图》提出了具体的措施。为了实现在 21 世纪"确保美国在海洋和沿海活动领域世界领导者的地位"的战略目标，美国确定了近期的主要目标之一就是继续在海洋工程技术、海洋生物技术、海水淡化技术、海洋能发电技术等高新技术领域居世界领先地位。① 另外，《绘制美国未来十年海洋科学发展路线——海洋科学研究优先领域和实施战略》、《美国海洋大气局 2009～2014 战略计划》是美国当前最新也是最能反映美国海洋科技创新当前需求的两个战略规划，从中可以看出当前和今后一定时期美国海洋科技领域的政策目标和发展重点，对海洋高新技术产业的发展起到了与时俱进的指向作用。

1968 年，日本制定的《日本海洋科学技术》使得海洋领域的先进技术推广活动有了质的飞跃，此后的一系列政策也都极大地促进了海洋高新技

---

① http：//www.noaa.gov/budget.

术产业的发展。2007 年 4 月，日本众议院通过了《海洋基本法》和《关于设定海洋构筑物安全水域的法律草案》。2008 年 2 月，根据《海洋基本法》，日本出台的《海洋基本计划草案》提出："应通过研发引入高端新技术，培养海洋产业方面的人才等手段，维持与强化国际竞争力；为利用海洋资源与空间，应创建新的海洋产业，把握海洋产业的动向。"日本政府在未来重点推进的海洋产业项目包括以下几项：一是海底矿产、可燃冰等资源含量的勘探与开发，计划 2018 年实现商业化开发生产；二是以风力、波浪、潮流、海流、温度差等为代表的海洋再生能源的开发与利用，计划到 2040 年整个日本的用电量的 20% 由海洋能源提供；三是海洋养殖与海洋食品生产系统的建设；四是船舶低碳化和零排放技术研究；五是周边海域的生态环境检测与保护；六是国家海洋技术创新系统的建设。[①]

为进一步突出海洋高新技术的优势地位，积极促进其产业化进程，英国于 2000 年就海洋高新技术未来 5 年的发展战略和行动方案做出了积极指导。在海洋资源可持续利用方面，重点研究海洋开发利用对生态系统的影响，水质保护，海洋生物多样性的作用；在海洋环境预报方面，重点开展跨学科、跨空间的综合研究，海洋与气候变化的相互作用，数据获取与综合集成。2008 年 6 月，英国自然环境研究委员会发布了《2025 海洋科技规划》，这是为解决海洋关键科学问题而制定的新规划，由 7 个在英国居于领先地位的海洋中心设计并执行，是一个应对海洋变化挑战的国家规划。《2025 海洋科技规划》确定了以下 10 个主题：气候、海洋环流和海平面；海洋生物地球化学循环；大陆架和海岸带过程；生物多样性和生态系统功能；大陆边缘和深海；可持续的海洋资源；健康和人类影响；技术发展；下一代海洋预测；海洋环境持续观测的集成。

法国和澳大利亚对海洋高新技术产业的发展方面也尤为重视。法国从 20 世纪 70 年代开始，在海洋生物技术、海洋生物资源的开发利用、深海采矿技术、海底探测技术方面制定了相应的研究与发展计划。为进一步加强海洋科技创新能力，法国制定了海洋科技"1991～1995 年战略计划"和 1996～2000 年"法国海洋科学技术研究战略计划"，旨在海洋生物技术业、海洋可再生能源业、深海产业的研究与开发方面再上一层楼。澳大利亚则在 1997 年提出了实施《海洋产业发展战略》，在全面推进海洋产业健康、

① 日本内阁官房综合海洋政策本部：《海洋产业发展状况及海洋振兴相关情况调查报告 2010》，2010 年。

快速发展的同时，格外重视海洋高技术产业的发展，积极推进海洋高新技术的研发，重点在海洋生物技术、海水淡化与综合利用技术、海洋可再生能源技术、深海探测技术等对海洋经济发展有显著推动作用的前沿技术方面加大政策倾斜和投资力度，以确保相关海洋产业的国际竞争力。随后，澳大利亚政府于 1998 年发布了《澳大利亚海洋政策》和《澳大利亚海洋科技计划》，并在 2003 年成立了海洋管理委员会。2009 年，澳大利亚战略决策研究中心提出的一份研究报告中指出，澳大利亚未来的战略目标如下：使澳大利亚成为海洋强国；强化对海洋安全和重要性的教育普及；加强区域海洋调控管理能力；增强维护海洋权益的能力。①

另外，欧盟委员会在 2007 年 10 月颁布的《海洋综合政策蓝皮书》中指出，海洋科学技术是确保海洋事业可持续发展的关键，要加大对海洋研究与技术的投入，发展能在保护环境的同时又能促进海洋产业繁荣的环境友好型技术，使欧洲的海洋产业，如蓝色生物技术产业、海洋可再生能源产业、水下技术与装备产业以及海洋水产养殖业等迈入世界先进行列。韩国在 2006 年颁布实施国家海洋战略——《海洋韩国 21 世纪》。该战略提出了创造有生命力的海洋国土、发展以高科技为基础的海洋产业、保持海洋资源的可持续开发三大基本目标。海洋产业增加值占国内经济的比重从 1998 年占国内生产总值（Gross Domestic Product，GDP）的 7.0% 提高到 2030 年的 11.3%。其中，保持海洋资源的可持续开发是指为了实现海洋资源的可持续开发，将水产品中养殖业产量所占的比重从 2000 年的 34% 提高到 2030 年的 45%；启动开发大洋矿产资源，到 2010 年达到每年 300 万吨的商业生产规模；开发利用生物工程的新物质，到 2010 年创出年 2 万亿韩元以上的海洋产值；到 2010 年推出年发电 87 万千瓦时规模的无公害海洋能源开发。②

二、国内相关研究综述

随着国家对发展海洋科技的重视程度不断提高，我国学者开始重视"科技兴海"的可持续发展战略研究，将对海洋产业的研究聚焦到海洋新兴产业和海洋高技术产业上，研究的广度和深度日益增大，客观上推动了对

---

① http：//www. aspi. org. au/htmlver/ASPI_Seachange/_lib/pdf/ASPI_Seachange. pdf.

② http：//english. mltm. go. kr/intro. do.

战略性海洋新兴产业的相关研究。

从著作来看，主要有郑贵斌的《海洋新兴产业发展研究》（2002），孙洪、李永祺的《中国海洋高技术产业及其产业化发展战略研究》（2003），栾维新的《中国海洋产业高技术化研究》（2003）等。其中，《海洋新兴产业发展研究》（2002）是郑贵斌研究员主持的山东省重点课题"海洋新兴产业发展研究"系列成果，这些成果通过认真总结山东省"海上山东"战略实施以来取得的成果、经验和需要注意的问题，紧紧抓住 21 世纪前 20 年战略机遇期，建立循环经济、发展高新技术产业等几个方面考虑，提出在新的历史时期建设海洋强省的战略措施。课题组对海洋新兴产业发展的研究，对山东省加快发展海洋经济、实施海洋强省战略有重要参考价值，在国家海洋局制定相关海洋政策时起到了重要的参考作用。孙洪、李永祺以及栾维新则是结合国内外海洋高技术及其产业的发展，对我国海洋高技术产业化进行了详细的分析，为我国今后海洋高技术及其产业发展提出了对策与建议。需要注意的是，孙洪、李永祺的《中国海洋高技术产业及其产业化发展战略研究》在充分分析我国海洋高技术及其产业化的基础上，提出了相应的发展战略和运行机制，堪为我国战略性海洋新兴产业研究的奠基之作。刘洪滨、刘康（2009）的《青岛市国家海洋高技术产业基地研究》[1]以青岛市的海洋生物医药业和海洋装备业的基本信息为依托，进行青岛国家海洋高技术产业基地建设研究，对战略性海洋新兴产业园区的建设起到了积极的引导作用。[2]

除相应的书籍外，更多的研究成果反映在诸多专家学者的文章中。韩立民（1997）在《建设海洋科技园 加快海洋高技术产业发展》中阐述海洋科技园的功能和特点，以及管理体制和运行机制，指出建设海洋科技园是加快海洋高技术产业发展的有效途径。[3]孙吉亭（1999）的《海洋新兴产业的发展及对策》针对目前我国海洋新兴产业的发展现状，将海洋科技的进步视为海洋新兴产业发展的原动力，继而提出相应的发展对策。[4]王继业、黄祖亮、杨俊杰（2001）在《海洋高新技术及产业的现状分析》一文

① 刘洪滨、刘康：《青岛市国家海洋高技术产业基地研究》，海洋出版社 2009 年版。
② 刘洪滨、刘康：《建设青岛国家海洋高技术产业基地的战略研究》，海洋出版社 2009 年版。
③ 韩立民：《建设海洋科技园 加快海洋高新技术产业发展》，《中国高新技术企业评价》1997 年第 2 期。
④ 孙吉亭：《海洋新兴产业的发展及对策》，《东岳论丛》1999 年第 6 期。

中通过分析我国和山东省海洋高新技术的发展现状，指出山东省海洋高新技术产业的发展重点。[1] 倪国江、鲍洪彤（2001）对海洋高新技术产业化及其意义进行了分析，并对海洋高新技术产业化模式进行探讨，他们认为海洋高新技术产业化可以采用"合资"模式和"产业园"模式。[2] 郑贵斌（2002）在《海洋新兴产业发展趋势、制约因素与对策选择》一文中以山东省海洋新兴产业的发展为突破口，瞄准其对经济发展的巨大推动作用，在分析现有发展状况和制约因素的基础上，从现实角度提出其发展趋势和对策，对促进山东省海洋新兴产业的发展具有积极的推动作用。韩立民、文艳（2004）的《努力构建我国海洋科技产业城》和李芳芳、奕维新（2005）的《新知识经济时代下我国海洋高新技术产业的发展》指出在知识经济背景下海洋科技对于海洋高新技术产业的强大支撑作用，以大力发展海洋科技、积极推动海洋科技创新的角度提出海洋高新技术产业的发展对策。于谨凯、李宝星（2007）在《我国海洋高新技术产业发展策略研究》一文中以美国、日本、英国等发达国家海洋高新技术产业的发展经验为借鉴，结合我国海洋高新技术产业的具体特点，提出相应的发展对策。[3] 于谨凯、李宝星（2007）在《海洋高新技术产业化机制及影响因素分析》一文中，分析海洋高新技术产业和海洋高新技术产业化的特点、海洋高新技术产业化机制以及海洋高新技术产业化的影响因素。[4] 高艳波（2007）在《海洋高新技术产业化问题探讨》一文中指出发展高新技术必须走产业化的道路，这不仅是我国执行"863"高新技术研究的初衷，也是将高新技术转化为生产力，提高国家整体技术水平的必由之路。文章分析了实现海洋高新技术产业化所面临的问题，提出了解决问题的途径和建议。[5] 陆铭（2008）在《国内外海洋高新技术产业发展分析及对上海的启示》一文中分析了国内外不同国家和地区在发展海洋高新技术产业方面的现状及发展特点，提出了对上海发展海洋高新技术产业方面的六点启示。[6] 杨娜（2010）通过对国内高新技术和产业发展特点的分析，对海洋高新技术产业化的发展进程进行了研究，重点阐释了

---

[1] 王继业、黄祖亮、杨俊杰：《海洋高新技术及产业的现状分析》，《高新技术》2001年第5期。
[2] 倪国江、鲍洪彤：《海洋高新技术产业化模式分析》，《沿海企业与科技》2001年第4期。
[3] 于谨凯、李宝星：《我国海洋高新技术产业发展策略研究》，《浙江海洋学院学报》2007年第12期。
[4] 于谨凯、李宝星：《海洋高新技术产业化机制及影响因素分析》，《港口经济》2007年第12期。
[5] 高艳波：《海洋高新技术产业化问题探讨》，《海洋开发与管理》2007年第2期。
[6] 陆铭：《国内外海洋高新技术产业发展分析及对上海的启示》，《价值工程》2009年第8期。

海洋生物医药业、海水利用业、海洋电力业的发展现状及前景。① 白锟 (2010) 在《我国海洋高新技术产业化发展模式研究》一文中在分析我国海洋高新技术产业发展的基础上，探索我国海洋高新技术的出路。②

也有不少学者在其学位论文中对海洋高技术产业和海洋新兴产业进行研究，并取得了一定的成果。吴庐山（2005）在其学位论文《我国海洋高技术产业风险投资体系的构建与对策探讨》中指出，风险投资能够有效地解决海洋高技术产业发展中的资金短缺难题，并促进海洋高技术产业化及海洋经济的快速发展。构建海洋高技术产业风险投资体系是我国海洋高技术产业化的现实选择。③ 乔琳（2009）在其学位论文《面向国际的我国海洋高技术和新兴产业发展战略研究》中以国际化视角探索我国海洋高技术和新兴产业中远期发展战略，开创了发展海洋高新技术产业的国际化视角。④ 包诠真（2009）在其学位论文《我国海洋高新技术产业竞争力研究》中指出，要从产业调整、建立创新体系、打造人才队伍三个角度提升竞争力。⑤

随着战略性海洋新兴产业的提出，已经有个别学者专门就此问题进行了探讨。如孙加韬在《中国海洋战略性新兴产业发展对策探讨》一文中分析了战略性海洋新兴产业科技水平落后、高端制造能力不够、资金投入不足和产业瓶颈等制约因素，建议我国在政策规划、科技攻关、体制机制、专业化基地建设等方面加大扶持力度。⑥

从上述研究来看，国内对战略性海洋新兴产业的研究主要集中在海洋高技术产业和新兴产业发展的现状分析和产业化措施，通过制定发展战略来促进海洋高技术产业和新兴产业的发展，对发展政策中的技术、融资、人才政策虽有涉及但不够系统和全面，需要在今后的研究中不断深入和完善。

综上所述，虽然国内外学者在战略性海洋新兴产业的相关领域进行了大量的研究，但由于战略性海洋新兴产业刚刚提出不久，真正将我国战略性海洋新兴产业作为一个整体进行深层研究的还少之又少，尤其是对我国

---

① 杨娜：《海洋高新技术产业化进程研究》，《海洋信息》2010 年第 3 期。
② 白锟：《我国海洋高新技术产业化发展模式研究》，《经营管理者》2010 年第 21 期。
③ 吴庐山：《我国海洋高技术产业风险投资体系的构建与对策探讨》，硕士学位论文，暨南大学，2005 年。
④ 乔琳：《面向国际的我国海洋高技术和新兴产业发展战略研究》，硕士学位论文，哈尔滨工程大学，2009 年。
⑤ 包诠真：《我国海洋高新技术产业竞争力研究》，硕士学位论文，哈尔滨工程大学，2009 年。
⑥ 孙加韬：《中国海洋战略性新兴产业发展对策探讨》，《商业时代》2010 年第 33 期。

战略性海洋新兴产业发展政策的系统研究，在国内目前还处于空白，因而该论题具有很大的理论研究价值。

第四节 研究思路与主要内容

本书首先立足于现有文献对战略性海洋新兴产业的相关内容进行综述，同时对技术创新、内生经济增长、制度变迁以及可持续发展等基本理论进行了阐释，为论文研究提供了理论指导。基于上述理论本书对我国战略性海洋新兴产业的发展现状展开分析，找出我国战略性海洋新兴产业发展存在的问题及其原因，并指出这些问题应从政策层面予以解决。其次对国内外战略性海洋新兴产业发展政策分别进行详尽的分析，总结国外战略性海洋新兴产业发展政策的经验，指出我国战略性海洋新兴产业发展政策的特点、缺失并提出相应的政策需求。最后在以上综合分析的基础上，以科学发展观为指导提出我国战略性海洋新兴产业的发展战略以及具体的发展政策。

研究的主要内容如下：

第一章为绪论。介绍本书的研究背景、研究的目的和意义，同时对研究思路与主要内容、国内外研究现状、研究的技术路线图、研究的方法和创新之处等问题进行了阐述。

第二章为相关研究的理论基础。首先从产业政策的内涵和特征、主要内容和理论基础三方面归纳总结了产业政策的相关理论，然后对战略性海洋新兴产业发展政策及其相关理论进行了阐述。在战略性海洋新兴产业发展政策及相关理论中，首先从提法、内涵与特征以及选择依据等方面对战略性海洋新兴产业进行了界定，而后概括出战略性海洋新兴产业的内涵，进而指出技术创新理论、内生经济增长理论、制度变迁理论以及可持续发展理论是与战略性海洋新兴产业联系最为紧密的理论，为战略性海洋新兴产业发展政策研究奠定理论基础。

第三章为我国战略性海洋新兴产业发展现状分析。首先，在分析我国战略性海洋新兴产业发展现状之前，阐述了当今世界战略性海洋新兴产业发展态势；其次，着重分析了我国战略性海洋新兴产业发展现状及存在的问题，从我国战略性海洋新兴产业发展所处的阶段以及科技、资金和人才的角度分析了产生这些问题的原因，找出从政策层面解决战略性海洋新兴产业发展问题的切入点，旨在为我国战略性海洋新兴产业发展政策研究奠定现实基础。

第四章为国外战略性海洋新兴产业发展政策分析。通过梳理国外战略性海洋新兴产业的发展战略和具体发展政策，总结出海洋经济发达国家战略性海洋新兴产业发展政策中共性的成功经验，在政策及规划、协调机构、技术研发和成果转化、投融资机制、人才以及国际合作方面对我国战略性海洋新兴产业发展政策的进一步完善提供有益的借鉴。

第五章为我国战略性海洋新兴产业发展政策分析。首先梳理了国外战略性海洋新兴产业的发展战略和具体发展政策，在此基础上分析我国战略性海洋新兴产业现有发展政策的特点、缺失并提出政策需求，即根据目前面临的国内外形势以及现有战略性海洋新兴产业政策的特点和缺失，建立一个层次分明、效力有别、科学合理而又运行有效的战略性海洋新兴产业发展政策体系。

第六章为我国战略性海洋新兴产业发展政策的构建。首先，从指导思想、发展思路、基本原则、重点任务等方面来统筹考虑，根据国家下一阶段面临的发展任务和战略目标制定战略性海洋新兴产业发展战略。其次，在战略性海洋新兴产业发展战略的指导下，基于战略性海洋新兴产业发展现状以及现有政策的分析，借鉴海洋经济发达国家在战略性海洋新兴产业发展政策方面的成功经验，遵循科学发展观的指导从法律法规与制度环境、技术、资金、人才等不同角度来制定战略性海洋新兴产业的具体发展政策。

第七章为结论及展望。对全书的主要结论进行了总结，指出本书存在的不足并提出今后尚需深入研究的问题和努力的方向。

第五节　研究的技术路线

首先，本书在调查研究、收集整理资料的基础上，跟踪国内外最新研究成果，对国内外现有的同类研究进行分析与简评并形成论题。其次，归纳总结我国战略性海洋新兴产业发展政策的基本理论，为提出战略性海洋新兴产业发展政策做理论指导。再次，对我国战略性海洋新兴产业发展现状进行分析，分析我国战略性海洋新兴产业存在的问题及成因；进而分别对国内外战略性海洋新兴产业发展政策进行分析，指出经验借鉴和政策缺失，并提出政策需求。最后，构建我国战略性海洋新兴产业发展政策体系，提出我国战略性海洋新兴产业发展政策的发展战略和具体发展政策。

研究的技术路线如图 1 – 1 所示：

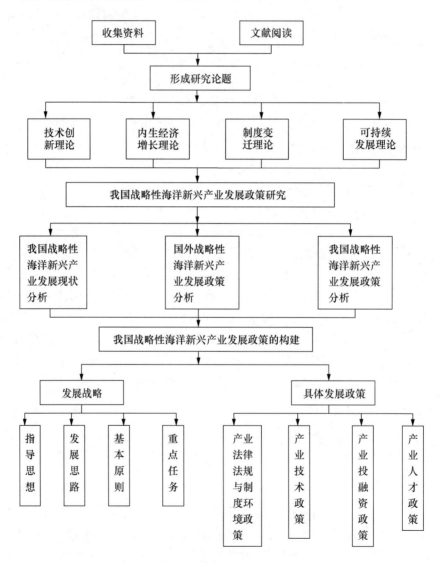

图 1 – 1　研究的技术路线

第六节 研究方法与创新之处

一、研究方法

本书采用的研究方法主要有以下几个：

1. 实证分析和规范分析相结合

实证分析是研究事物发展的内在规律并根据某些规律预测行为，回答"是什么"的问题的研究方法。规范分析研究的是一种价值判断，提出处理标准，解决的是"应该是什么"的问题。本书运用这两种方法，全面分析国内外战略性海洋新兴产业发展政策，提出我国战略性海洋新兴产业发展政策框架。

2. 系统与联系相结合

本书将战略性海洋新兴产业发展政策作为一个整体，从宏观、中观两个角度进行系统分析；同时，本书在分析具体政策存在的不足时，既注重分析战略性海洋新兴产业各个领域具体政策的联系，又注重分析其与发展战略之间的联系。

3. 定性分析与比较分析相结合

本书对国内外战略性海洋新兴产业发展政策进行定性分析，分别揭示其经验、特点及缺失；在分析我国战略性海洋新兴产业发展现状时，与世界发达国家战略性海洋新兴产业发展状况进行比较，从而找出我国战略性海洋新兴产业发展存在的主要问题。

二、创新之处

本书的创新之处在于以下几个方面：

1. 基本理论方面

以西方经济学的相关理论和科学发展观为指导，从战略性海洋新兴产业的提法、内涵和特征、选择依据等方面对我国战略性海洋新兴产业进行了科学的界定，指出其包含的范围，并提出了我国战略性海洋新兴产业发展政策的内涵。

2. 政策需求方面

在系统分析我国战略性海洋新兴产业现状及国内外战略性海洋新兴产业发展政策的基础上，提出建立我国战略性海洋新兴产业发展政策框架，包含由指导思想、发展思路、基本原则、重点任务构成的发展战略和由法律法规与制度环境政策、技术政策、投融资政策、人才政策构成的具体发展政策。

3. 政策建议方面

针对我国战略性海洋新兴产业存在的不足，系统分析我国战略性海洋新兴产业发展政策，并借鉴国外战略性海洋新兴产业发展政策的成功经验，在发展战略方面和具体发展政策方面提出新的政策建议。

第二章　相关研究的理论基础

产业政策作为国家宏观调控的重要手段，对经济发展起到了积极、有效的推动作用。研究战略性海洋新兴产业发展政策要以产业政策为立足点，明确产业发展政策的内涵和涉及的相关理论，为结合战略性海洋新兴产业发展的特点提出行之有效的政策建议奠定坚实的基础。

第一节　产业政策的基本理论

一、产业政策的内涵和特征

产业政策属经济政策体系范畴，西方学者通常将产业政策、财政政策和货币政策并称三大经济政策。"产业政策"这一概念最早出现在 20 世纪 70 年代的日本，自出现至今，国内外学者对其进行了诸多探讨，尝试从不同角度分析其内涵，但由于各国的国情、经济发展水平、意识形态等方面存在不同程度的差异，使得理论界对产业政策内涵的理解不尽相同，尚未形成统一的认识。

国外有学者认为，产业政策是由结构、行为和结果引致的公共政策。[①]《现代日本经济事典》指出，产业政策是在商品经济社会，为实现企业的最大利益，完成对企业资源的优化配置，而直接或间接地对产业所进行的全

---

① Bain Joe S. , "Price and Production Policies 1949", In Howard S. Ellis ed. , *A Survey of Contemporary Economics*, Philadelphia：The Blakiston Company, p. 129.

方位干预，使市场机制在资源配置中起到基础性作用的政策。① Bianchi 在《国际产业政策手册》中则进一步丰富了产业政策的内涵，从知识经济的角度出发，产业政策不仅注重知识的积累和产出，更重视区域知识能力的扩散作用以及相关知识产权保护和结构性调整，在市场经济条件下不断提高地区的经济发展水平。② 日本经济学家小宫隆太郎则认为，产业政策就是在市场机制条件下专门针对市场失灵而做出的干预性行为，从政策角度对价格机制的掌控作用力度加大。③

我国学者对产业政策的理解也呈百家争鸣之势。杨治认为，为实现经济发展目标和与之相协调的一切利益，要以产业结构政策为核心，形成与之相配套的一切相关政策体系。④ 苏东水认为，产业政策要以产业经济学的相关原理为指导，对整个产业进程施加影响，以保证一定经济目标的实现和一定社会效益的取得。⑤ 江小涓认为，产业政策要具有一定的指向性，通过综合作用达到一定的社会经济目标。张曙光认为，产业政策起到的应该是统筹产业各个环节的作用，向着既定的目标运筹产业间的相互关系以取得最大效益。周叔莲认为，产业政策关乎产业结构的演变，其设计主体是国家和政府，其目的是使产业发展达到推动经济发展的目的。⑥

结合国内外学者对于产业政策内涵的认识，可以概括出产业政策的如下特征：一是产业政策体现国家的政治意志，是政府干预经济的一种经济制度，为国家宏观经济调控的总目标服务；二是产业政策从本质上讲是为了促进产业结构全面协调和优化升级，直接或间接干预产业间和产业内部资源配置，提高资源的使用效率；三是各国的产业政策着力于维护本国的经济利益和民族权益，总是与本国的经济发展阶段和具体国情相适应；四是产业政策的核心功能在于弥补"市场失灵"的功能性缺陷，运用诸多政策措施促进产业发展，借以提升综合国力和国际竞争力。鉴于这些特征，产业政策可以被定义为：为了实现某种经济目标，各国政府根据自身的经

① ［日］下河边淳，管家茂：《现代日本经济事典》，中国社会科学出版社1982年版。
② Bianchi, *International Handbook on Industrial Policy*, Northampton: Edward Elgar, 2006.
③ 小宫隆太郎：《日本的产业政策》，国际文化出版公司1988年版。
④ 杨治：《产业经济学导论》，中国人民大学出版社1985年版。
⑤ 苏东水：《产业经济学》，高等教育出版社2000年版。
⑥ 朱崇实、振明：《公共政策——转轨时期我国经济社会政策研究》，中国人民大学出版社1999年版。

济发展水平和具体国情，通过制定和实施不同的政策措施干预产业间和产业内部资源配置，以促进产业结构全面协调和优化升级的一系列政策的总和。

二、产业政策的主要内容

产业政策自 20 世纪 70 年代提出至今，经历了几十年的理论发展和各国实践，逐步形成了一个覆盖面广、相互关联的综合体系，尽管该体系尚不成熟完整，但其内容涉及产业的诸多方面。根据产业政策对产业发展的作用领域、范围、形式和效果，产业政策的内容指向也存在差异。从立足于产业的可持续发展、促进产业结构全面协调和优化升级的角度出发，产业政策是一个包括产业发展政策、产业组织政策等一系列与之配套的政策的体系。

产业政策所涉及的各方面政策经过实践的检验和发展有了较为明确的含义。首先，产业结构政策作为产业政策体系的重点和核心，为实现产业结构的合理化，通过影响并推进产业结构转换对资源进行合理配置。该政策的关键在于确立结构政策目标和主导产业的选择，产业结构调整和升级目标的长期规划，对支柱产业、战略性产业实施适度保护和扶植以及对衰退产业的调整、援助等，通过这些措施推进产业结构的转换和资源配置效率的改善，以获取经济的高速发展和最优的经济效益。其次，产业组织政策着力于调节产业内部企业之间的各种关系，干预和调整产业的市场结构和市场行为进而协调竞争与规模经济的关系，以达到取得理想的市场绩效和建立正常的市场秩序的目的。从政策手段来看，产业组织政策基本分为市场结构控制政策、市场行为调整政策和直接改善不合理的资源配置政策三个方面。从具体政策内容来看，产业组织政策一般分为反垄断政策和直接规制政策。产业组织政策旨在维护一定规模经济水平的同时缓解垄断对市场经济运行造成的弊端，促进产业组织的合理化。再次，产业布局政策是政府为实现经济、社会、生态协调发展，根据不同时期国民经济与区域经济发展的需要，合理配置和组合生产要素以调节各产业在不同地域间分布的政策。产业布局政策具有地域性、层次性和综合性等特点，其根本目标是在充分发挥地区经济优势的基础上，最大限度地提高国民经济总体效率，实现产业布局的合理化。最后，产业技术政策着重于引导或影响产业的技术进步，通过技术进步和技术革新实现产业技术上的自主独立性发展，推动产业的发展与升级。产业技术政策包括产业技术结构的选择和技术发展政策，以及促进资源向技术开发领域投入的政策，对于促进高新技术产业的形成和实现发展中国家的赶超策略起着举足轻重的作用。总体来看，产业政策作为一个综合性的政策体系，各部分政策尽管有其各自明确的目标指向，但政策对象和手段都涉及国民经济的各个部门且相互关联、相互作用，并无层次上的差异，因此需要统筹协调、有机配合来确保产业政策的实施效果。

三、产业政策的理论依据

产业政策是世界各国普遍实行的一种公共政策。随着世界经济的进一步发展，产业政策的调节作用日益凸显。然而，尽管产业政策的实施在很大程度上促进了经济的有序发展，但其存在的合理性一直备受争论。鉴于此，充分发挥产业政策在市场经济运行中的积极作用的同时，应注重从理论上分析产业政策存在的依据，以期更有针对性地干预经济。结合传统的新古典经济学理论以及现代西方经济学理论，本书认为市场失灵论、经济赶超论、产业结构转换论以及提升国家竞争力论是产业政策得以产生和发展的理论依据。

1. 市场失灵论

市场失灵是市场经济条件下产业政策存在的根本原因，是指市场对于资源配置的基础性作用偏离正常状态，由内外部条件皆可导致市场失灵的后果。市场失灵主要表现在以下几个方面：第一，市场上的各种垄断行为使得自由的市场竞争变得相互掣肘，亟须政府的政策性干预；第二，经济生活中的外部性是广泛存在的，而外部性的存在会对资源配置产生重要影响，某些市场主体的活动会给社会和其他主体带来负外部性，市场机制既不能对经济的外部性做出客观性评价，也不可能解决诸多的外部不经济问题；第三，公共物品的特征导致市场机制不能有效解决公共物品最优数量的问题和公共物品生产成本的补偿问题，因此无法有效调节公共产品的供求关系，提供适合的公共物品和服务；第四，由于信息不完备（信息不完全和不对称）有可能出现的供求规律失效和劣质商品驱逐优质商品的现象，也是市场机制难以有效调节和解决的。归结起来，由于垄断、外部性、公共物品和信息不完备，仅仅依靠价格机制来配置资源无法实现帕累托最优。因此，用于弥补市场失灵缺陷的各类产业政策工具就显得十分必要。尽管产业政策遭到经济自由主义的批判，但各国实施产业政策的实践表明，产业政策在克服市场失灵方面确实具有较好的作用。正如现代产业政策理论主要从弥补市场失灵方面回应这些经济自由主义的批判，支持现代产业政策理论的学者往往批评新自由主义的理论假设过于理想化，实际经济领域的市场，尤其是发展中国家的市场往往并不是完全的，在这些国家，用于保证市场更有效运作的制度常常是弱的，甚至是缺失的，因此政府必须利用产业政策来弥补市场失灵。①

　　2. 经济赶超论

　　经济赶超论又叫后发优势论，其起源可以上溯到18～19世纪的欧洲。经济赶超论专门讨论发展中国家如何在既定的落后状态下，变不利为有利，在经济发展中不断缩小与发达国家的差距。基于赶超理论的四个假设条件（一国的技术和知识水平与经济发展水平之间存在密切的关系；一国的经济增长率受到一国技术和知识水平增长率的正面影响；一个经济处于低水平的国家，可以通过模仿、学习先进的技术知识，提高其经济增长率；一国利用"技术差距"的能力，取决于动员资源进行社会、制度和经济结构变革的能力），后发国家与发达国家处于同等发展水平阶段时相比，具有积极借鉴发达国家经验、吸取发达国家教训的优势，大大缩短了工业化所需要的时间；从技术的层面来说，后发国家由于可以直接学习和引进发达国家的技术，很大程度上节约了技术成本；在同样资金、资源、技术成本的条件下，还具有劳动力成本低廉的优势。在所有后发优势中，后发国家政府合适的国内经济政策和国际经济政策是可能的最主要的优势。② 因此，许多发展中国家纷纷依据这种优势制定相关产业政策，扶持对国民经济有显著拉动作用的主导产业以及未来有巨大发展空间的战略产业。然而，经济赶超战略由于过分强调速度造成结构失衡等弊端，不可避免地带来一些负面效应，但面对世界经济的快速发展为后发国家赶上和超越先发国家提供了大好时机，再加上"亚洲四小龙"等一些国家在第二次世界大战后的发展

---

① Lall, "Reinventing Industrial Strategy: The Role of Government Policy in Building Industrial Competitiveness", *The Intergovernmental Group on Monetary Affairs and Development*, 2003.

② James F. , Ragan Jr. , Loyd B. , Thomas Jr. , *Principles of Macroeconomics Harcourt Brace Jovanovich*, Publishers New York, U. S. , 1990, pp. 564 – 565.

已经很好地证明了基于经济赶超理论的产业政策的有效性，应积极发挥产业政策的宏观调控作用，引进发达国家的先进技术和管理经验，吸取经验教训，不失时机地将潜在的后发优势变为现实的经济优势，实现技术突破和经济规模的扩张，推动本国经济向纵深发展。

3. 产业结构转换论

产业结构转换理论是从资源的优化配置角度出发，为实现产业的可持续发展而促使产业结构完成由低级向高级的转移。产业结构转换理论从根本上说源于动态比较优势论。瑞典经济学家赫克歇尔在《对外贸易对收入分配的影响》一文中提出了各国要素禀赋（Factor Endowment）差异是贸易产生的原因。在生产技术水平相同的情况下，两国之所以发生贸易是因为要素禀赋存在差异，比较优势来源于要素禀赋的差异。要素结构不是一成不变的，所以以资源禀赋为基础的比较优势也具有动态特征。由于各个国家的经济发展阶段不同且持续不断，具有不同的资源禀赋结构，因而其经济发展的比较优势是动态的。具体到产业发展来说，随着资本积累和技术水平的提高，传统产业已经不能满足经济快速发展的要求，资本和技术密集型的产业相应成为具有比较优势的产业。产业发展的重点就相应地立足于自身（所在国家或本地区组织）现有的条件和资源状况，着力培育其未来具有核心竞争力和发展优势的产业，完成产业结构由低级向高级的转换，将原来的不利条件因素转化为有利的条件，将处于竞争中的被动保守态势转化为主动进攻的战略格局。在现代产业结构调整中，顺应知识经济和高新技术的发展潮流，积极发展技术密集型产业，为自身赢得发展的主动地位和良性循环态势。

4. 提升国家竞争力论

面对 21 世纪经济全球化的趋势，各国经济面临着新的机遇和挑战。关于产业政策能够更好地提高国家竞争力的学说随着各国积极推行产业政策的实施效果得到证实。哈佛商学院著名学者迈克尔·波特教授在《国家竞争优势》一书中提出了全球竞争的基本原则：要问的不再是为什么某个国家有竞争力，而是为什么某个国家在某个产业特别具有竞争力，进而提出国家竞争优势理论。目前，某国或某一地区的某个特定产业相对于他国或地区同一产业在生产效率、满足市场需求、持续获利等方面所体现的竞争能力极大地体现了该国产业政策的有效性和存续强度，直接影响其在国际分工中所处的地位。另外，面对区域专业化和产业集聚的增强、跨地区的产业活动分布不均的局势，产业政策在适当约束经济活动的空间分布和收入不均过大的同时，积极维护产业集聚发挥提高国家竞争能力的作用，运用经济职能在激励产业集聚和拉平分布不均之间寻求平衡，达到促进经济平衡发展的目的。由此可见，产业政策作为政府实行经济调控、增强本国产业国际竞争力的基本工具，符合 21 世纪各国积极参与国际竞争的需要，仍将作为各国的基本经济政策长期存在下去，且不会轻易被其他政策所取代。随着各国竞争的日趋激烈，产业政策的应用也要从国家利益的角度培育本国企业和产业的竞争力，以不断争取本国产业在经济全球化过程中的优势地位。

第二节　战略性海洋新兴产业发展政策相关理论

一、战略性海洋新兴产业的界定

要科学地培育和发展战略性海洋新兴产业，必须先明确其内涵与特征。由于战略性海洋新兴产业刚提出不久，尚属新生名词，在提法和含义方面正呈现百家争鸣之势，因此，统一战略性海洋新兴产业的称谓、明确战略性海洋新兴产业的内涵、总结战略性海洋新兴产业的特征便成为科学界定战略性海洋新兴产业的前提。

1. 战略性海洋新兴产业的提法

"战略性海洋新兴产业"的称谓一经提出便颇受争议。除"战略性海洋新兴产业"外，目前还有"海洋战略性新兴产业"和"海洋战略新产业"的提法。称为"海洋战略性新兴产业"的理由是"战略性新兴产业"已属公认范畴，且已出现在国家颁布的相应文件中，理应作为一个既定词汇予以使用，由于是海洋领域内的战略性新兴产业，故称之为"海洋战略性新兴产业"，这样既保持了称谓的一致性，也强调了所属的领域。至于"海洋战略新产业"的提法则是基于外文文献中"Emerging Industry"和"New Industry"的差异，"Emerging Industry"和"New Industry"都意指"新兴产业"，但如果将"New Industry"直译为"新产业"也无可厚非。这种提法同样意在强调海洋领域内的战略性新兴产业，而非其他领域内的战略性新兴产业，因此也有一定的道理。"战略性海洋新兴产业"主要强调"战略性"，即战略性海洋新兴产业是对经济发展具有重大战略意义的海洋新兴产业，而非一般的海洋新兴产业，意在突出国家对海洋事业的主导战略意图和对未来经济社会发展具有的深远意义。因此，从国家发展战略性海洋新兴产业的初衷和目的来看，这种提法更有利于突出其在海洋经济发展中的重要地位，更能够代表未来海洋经济发展和海洋高新技术发展的方向。

2. 战略性海洋新兴产业的内涵与特征

（1）战略性海洋新兴产业的内涵。目前，关于战略性海洋新兴产业的内涵问题也莫衷一是。孙志辉在《展望 2010，撑起海洋战略新产业》的讲话中将战略性海洋新兴产业界定为海洋高新技术产业，具有战略意义的新兴海洋产业，新资源开发利用的配套装备和基础设施。本书认为，从内涵上说，战略性海洋新兴产业应同时体现两层含义："新兴的"和"战略性的"，两者缺一不可。"新兴的"是指有别于"传统的"。战略性海洋新兴产业属于海洋新兴产业范畴，与海洋传统产业相区别，海洋新兴产业是依据海洋产业形成规模开发的时序而划分的海洋产业类型，是指以海洋高新技术发展为背景的新兴的海洋产业群体。"战略性的"则是关乎经济社会发展全局和国家安全等重大问题，同时还关系着抢占国际竞争制高点的问题。战略性海洋新兴产业虽然是一种海洋新兴产业，但并不是所有的海洋新兴产业都可以成为战略性海洋新兴产业。判断一个产业是否具有战略性，通常要看该产业是否能够在国家战略的高度对经济发展施加重要影响，是否能够支持现期经济运行和未来经济增长，是否能够对国民经济发展和产业结构转换起促进、导向作用以及是否能够代表未来经济发展方向和技术进步方向。战略产业不是从产业的局部利益出发确定的，也不是仅仅关系产业自身的发展，而是关系一个国家在全球化过程中的分工地位，关系一个国家的综合国力、经济竞争力和科技实力。要成为战略产业还必须具备三大基本特征：一是能够迅速有效地吸收创新成果，并获得与新技术相关联的新的生产函数；二是具有巨大的市场潜力，有望获得持续的高速增长；三是同其他产业的关联系数较大，能够带动相关产业的发展。[1] 对战略性新兴产业来说，必须具备掌握关键核心技术、具有市场需求前景、资源能耗

---

① 苏东水：《产业经济学》，高等教育出版社 2000 年第 2 版。

低、带动系数大、就业机会多、综合效益好的特征。① 战略性海洋新兴产业必须是能够体现国家的海洋战略意图，对海洋经济增长方式的转换和海洋产业结构的调整起到积极的促进作用，能够带动相关海洋产业发展、领航海洋经济持续增长的海洋新兴产业。需要指出的是，战略性海洋新兴产业兼有的"新兴的"和"战略性的"特征决定了其内涵和范围都是有时效性的，即战略性海洋新兴产业根据其所处的时代特点和历史阶段的不同而有所不同。另外，由于各国经济发展水平和具体国情的差异，战略性海洋新兴产业的选择和发展必须符合本国国情。因此，在 21 世纪的"后危机时代"，我国的战略性海洋新兴产业主要是指能够体现国家的海洋战略意图，以海洋高新技术为首要特征，在海洋经济发展中具有广阔市场前景和巨大发展潜力，能够引领海洋经济发展方向，推动海洋产业结构升级和海洋经济方式转变的海洋新兴产业，具有全局性、长远性、导向性和动态性的特征。

（2）战略性海洋新兴产业的特征。就战略性海洋新兴产业而言，除具备一般战略性新兴产业所共有的掌握关键核心技术、具有市场需求前景、资源能耗低、带动系数大、就业机会多、综合效益好以及全局性、长远性、导向性和动态性的特征外，还具有海洋领域内的个性特征：

1）高科技性。科学技术是现代社会进步的主要推动力量，科技实力是一个国家综合实力的重要体现。随着科学技术的发展，科技在海洋经济中发挥着越来越重要的作用，促使战略性海洋新兴产业的兴起。我国是一个海洋大国，海洋环境、资源的特殊性，决定了战略性海洋新兴产业的发展对科学技术的高度依赖性。战略性海洋新兴产业发展以先进、尖端、高新科学技术为动力，采用各种手段对海洋所蕴藏的生物资源、海水动力资源和海洋空间资源进行开发和利用，在一定程度上把海洋资源的潜在价值转化成实用价值。但战略性海洋新兴产业与传统产业相比，对开发海洋的技术及所使用的工程材料提出了更严格的要求。因此，要更大限度地开发利用海洋，必须先发展海洋高科技，通过解决一些技术问题来降低海洋资源开发利用的成本、扩大产业开发的范围，使得战略性海洋新兴产业大规模产业化成为可能。目前，世界海洋经济发展的实践已证明，从海洋资源勘探到生产过程、经济运行过程及管理过程的展开，依赖于整个知识系统和

---

① 温家宝：《让科技引领中国可持续发展》，中央政府门户网站，2009 年 11 月 3 日。

高新技术的支持。

2）高风险性。由于战略性海洋新兴产业是以海洋高新技术为首要特征的新兴产业，技术研究风险较大，许多关键技术的研发要经历大量的实验，更需要投入大量的资金、设备和人员，一旦研究失败则意味着前期投入的全部损失，甚至会导致企业经营与资金的困难。例如，海洋生物医药产业作为战略海洋新兴产业的一个重要组成部分，是一项资金需求量大、研究周期长、开发风险高的领域。特别是海洋药物开发周期长，一般要 8 年左右；成本投入高，一般要几百万元起；技术要求高，一般需要药物化学、基因、酶、细胞等专业技术人员；批证难度大，增加了企业投入开发的风险；国内外竞争日益激烈，欧美和日本等发达国家和地区在海洋生物、海洋药物研发上，投入大、起点高、技术力量雄厚，极具竞争优势。以上多种因素的共同作用很容易影响企业开发新产品和向海洋医药转型的积极性。除技术风险外，战略性海洋新兴产业的风险还体现在风暴潮、海浪、台风、赤潮等自然灾害中，这也在一定程度上制约了战略性海洋新兴产业发展的规模化经营。

3）高收益和高成长性。根据经济学的理论，高风险总是伴随着高收益。由于战略性海洋新兴产业的研究投入大、回收周期长，一旦研究获得成功并迅速投入产业化生产，科技产品的资源价值就可以转化为现实生产力，从而取得较好的经济效益。从海洋可再生能源利用来看，还可以获得较好的生态效益和社会效益，取得三位一体的综合收益。与之相应的是，战略性海洋新兴产业在短期内不会消除，反而会随着时间的推移产生扩散效应，带动相关产业链快速发展，推动海洋产业结构的优化和升级，同时又使自身获得迅速的成长。据不完全统计，2008 年我国战略性海洋新兴产业增加值年均增速在 20% 以上。可以预计，在不久的将来，战略性海洋新兴产业的增速会更加明显。

此外，战略性海洋新兴产业较之于一般的产业而言，对某一特定领域资源利用的要求较高，往往受资源的不确定性影响较大。以海洋可再生能源为例，其能量多变、具有不稳定性，运用起来比较困难，另外，能量分布不均，受季节影响较大，给海洋能源的大规模开发利用带来了技术难题。

3. 战略性海洋新兴产业的选择依据

科学地选择战略性海洋新兴产业是实现其后发优势和跨越发展的基础和前提。温家宝曾在首都科技界大会上的讲话中指出，选择战略性新兴产业的科学依据最重要的有三条：一是产品要有稳定并有发展前景的市场需求；二是产品要有良好的经济技术效益；三是要能带动一批产业的兴起。根据战略性新兴产业选择应遵循的六大准则以及战略性海洋新兴产业的内涵及其战略性、新兴性等特征，我国战略性海洋新兴产业的选择需要综合考虑政府支持、海洋科技发展水平、经济效益和产品的市场需求、对其他产业的带动作用、资源环境等因素。以与战略性海洋新兴产业发展的高关联度为标准，选取政府支持、技术自主创新、经济效益与市场需求、资源比较优势、产业关联性和可持续发展六个指标作为依据，确定现阶段我国战略性海洋新兴产业应包括海洋生物医药业、海水淡化和海水综合利用业、海洋可再生能源业、海洋装备业及深海产业。

二、战略性海洋新兴产业发展政策的内涵

1. 产业发展政策的内涵

产业发展政策作为产业政策的重要组成部分，在各个领域的产业发展中起到了引航和调控的作用。从实践层面上说，我国先后在汽车、钢铁、水泥、造纸等行业发布了产业发展政策，在很大程度上解决了产业发展存在的问题，满足了国民经济发展的需要，对于实现各个产业的优化升级和提升产业的国际竞争力有着显著的推动作用。然而，产业发展政策至今没有一个明确、清晰的概念界定。

就现有的探讨产业发展政策的书籍来看，以苏东水对于产业发展政策的认识最具代表性。他认为，"产业发展是指产业产生、成长和进化过程，既包括单个产业的进化过程，又包括产业总体也就是国民经济整体的进化过程。""产业发展理论就是就产业发展中的各项问题进行研究的理论。""产业发展政策包括涉及产业发展方方面面理论的政策。"① 从现有的探讨产业发展政策的文章来看，以结合各个产业进行产业发展政策研究的博士论文、硕士论文居多。从王征南的《中国饲料产业发展政策研究》（2003）到黄海明的《我国高新技术产业发展政策研究》（2010），都提出了产业发展政策的概念，特别是黄海明在结合其他学者研究的基础上，提出产业发展政策是一个政策体系，是指为了促进一个产业的发展要在产业规划、资源环境、

---

① 苏东水：《产业经济学》，高等教育出版社 2000 年第 2 版。

技术改进等方面制定相应的政策。[①] 这个概念虽然不是非常完善，但在很大程度上总结了前人的观点，概括地提出了产业发展政策的目标指向，对日后学者的进一步研究具有一定的参考价值。

从产业政策的内涵和主要内容出发，结合以往学者对于产业发展政策的认识，产业发展政策可以被定义为：为实现一定的产业发展目标，围绕产业发展中的诸多问题而运用多种方式制定的一系列具体政策的总和。具体说来，产业发展政策的内涵应囊括以下几点认识：其一，产业发展政策是产业政策的重要组成部分，与产业结构政策、产业组织政策等处于同一层级，并与其共同构成产业政策体系；其二，产业发展政策以满足国民经济发展需要为出发点，旨在实现一定的产业发展目标；其三，产业发展政策用于解决产业发展中遇到的资源配置、产业转移等诸多问题，因此决定了其运用手段与方式的多样性；其四，产业发展政策并非一个单一的政策，而是一个为促进产业发展的一系列具体政策的总和。需要指出的是，由于各个产业的具体情况不同所致的产业发展目标不同，因此产业发展政策的具体内容也因产业而异，但从大体上讲应包括围绕实现产业发展目标的产业技术政策、产业环保政策、产业法律法规和制度环境政策等多方面内容。这诸多方面的具体政策，在产业发展目标的大前提下存在着内在联系和协同配合的作用，有效地推动产业经济的发展。

2. 战略性海洋新兴产业发展政策的内涵

在对战略性海洋新兴产业的界定基础上，结合产业发展政策的内涵，本书认为，战略性海洋新兴产业发展政策是指以海洋经济发展的需要为出发点，根据战略性海洋新兴产业的特点，在战略性海洋新兴产业发展的资源配置、产业规制等方面制定的计划、规划、措施、法律法规的总和，以促进战略性海洋新兴产业健康、快速、持续发展。进一步说，是为实现战略性海洋新兴产业发展目标，围绕战略性海洋新兴产业发展中的诸多问题而运用多种方式制定的一系列具体政策的总和，包括围绕实现战略性海洋新兴产业发展目标的产业技术政策、产业环保政策、产业外贸政策、产业金融政策、产业财税政策、产业人才政策、产业法律法规和制度环境政策等多方面内容。尽管战略性海洋新兴产业发展政策是战略性海洋新兴产业政策的一个组成部分，但它仍然是一个庞大的政策体系。该体系中应包括

---

① 黄海明：《我国高新技术产业发展政策研究》，硕士学位论文，中共中央党校，2010 年。

战略性海洋新兴产业的宏观指导政策，即战略性海洋新兴产业发展战略，以及战略性海洋新兴产业具体发展政策，即技术、人才、资金、法律法规等诸多方面的政策。战略性海洋新兴产业发展战略是战略性海洋新兴产业发展的指导方针，为战略性海洋新兴产业发展指明方向；战略性海洋新兴产业具体发展政策是国家在人才、税收、财政拨款等方面制定一些优惠政策，引导资源有效配置。这两个层级之间是指导与服务的关系，从宏观和中观两个政策层面促进战略性海洋新兴产业的发展。

三、战略性海洋新兴产业发展政策的理论基础

产业发展政策作为产业政策的重要组成部分，从根本上说是为促进一个产业的发展在产业规划、资源配置、人才储备、技术创新等方面制定相应的政策。因此，产业发展政策的理论基础是产业发展理论，从战略性海洋新兴产业的角度出发，从关联性来看，与其产业发展政策联系最为紧密的理论主要有技术创新理论、内生经济增长理论、制度变迁理论以及可持续发展理论。

1. 技术创新理论

技术创新理论概念的萌芽可追溯到亚当·斯密与马克思。亚当·斯密在《国民财富的性质和原因的研究》（简称《国富论》）中最早阐述了技术创新的理念，他指出个体劳动生产率的高低一定程度上取决于某些机械发明，这些机械发明的应用使得同样的劳动投入能够取得较多的产出。马克思则从商品经济的角度指出技术创新实际上是一种生产方式的变革。[①] 尽管亚当·斯密和马克思都对技术进步给予了高度重视，但美籍奥地利经济学家熊彼特最先在《经济发展理论》一书中提出创新的概念，他认为，技术创新实质上是一种生产要素和生产条件的结合，在产品、生产方法、市场、供应商、组织形式五个方面体现创新，而创新必须与实际应用联系起来，其载体是商品经济社会的企业。[②] 熊彼特提出技术创新的概念和主要内容后，在世界范围内引发了关于技术创新理论的研究热潮。经济学家索罗、

---

① 周艳榕、江旭：《技术创新理论研究综述》，《管理科学与系统科学研究新进展——第7届全国青年管理科学与系统科学学术会议论文集》，2003年8月1日。
② 熊彼特：《经济发展理论》，商务印书馆1990年版。

伊诺斯、林恩、弗里曼分别诠释了技术创新的含义，其中，弗里曼指出技术创新的归宿是市场的实现和商业化应用，并提出了国家创新系统，这是对熊彼特理论的重大突破。①

国内学者秉承熊彼特与弗里曼的思想，于 20 世纪 80 年代开始研究技术创新理论。其中，有代表性的有傅家骥、陈文化两位学者。其中，陈文化在总结了国内外学者对技术创新分类的基础上，提出了一个比较详细的分类体系，涉及创新内容、技术形态、创新程度、创新的技术来源、创新的活动方式、创新对生产要素组合的影响、当代技术创新的整合特征等方面的不同创新类型。② 国内外学者的研究普遍认同熊彼特与弗里曼关于技术创新理论的含义，然而，从本书的研究立场出发，关于技术创新的内涵还是应该结合本国的国情和具体的产业特征来定义比较合适，即将技术创新看作生产方式与管理模式上的新的组合和应用，以期在质量、服务和市场价值方面取得相应的效益。③

2. 内生经济增长理论

产生于 20 世纪 80 年代的内生经济增长理论又称为新经济增长理论，是与其他传统的新古典经济增长理论相区别的。它是在对新古典经济增长理论重新思考的基础上，强调经济增长是建立在内在的技术进步上，颠覆了原来认为经济增长是外生技术变化作用的产物。新经济增长理论主要以保罗·罗默和小罗伯特·卢卡斯的研究最具代表性。

1986 年，罗默在《收益增长和长期增长》中提出了一个与众不同的收益递增的增长模型，其含义是认为经济进步和增长归根结底是由知识积累引起的，知识积累才是经济增长的源头和动力。④ 新增长理论的贡献在于改变了我们关于增长途径的思维方式，把对经济增长的理解从传统的劳动生产率的桎梏中解放出来，而代之以知识和人力资本因素，从而找到了经济增长的原初动力。美国经济学家小罗伯特·卢卡斯也提出了自己的经济增长模型，认为人力资本积累是经济增长的决定性因素，而人力资本积累可通过在校学习和实际生产两个途径获得。这种人力资本积累的不同也可导

---

① 熊彼特：《经济发展理论》，商务印书馆 1990 年版。

② 陈文化：《腾飞之路——技术创新论》，湖南大学出版社 1999 年版。

③《中共中央、国务院关于加强技术创新，发展高科技，实现产业化的决定》（中发〔1999〕14 号文件），1999 年。

④ 胡希宁：《当代西方经济学概论》（第三版），中共中央党校出版社 2004 年版。

致国力贫富的差异。①

　　随着理论的发展，不少经济学家已经认识到，新经济增长理论面临的最大问题就是如何进行实证分析。目前，这种实证分析主要沿着两条路线进行：一条是进行国别间的研究，寻找内生增长的证据；另一条是利用一国的长时段数据，进行一国的经济增长研究。从实证分析来看，目前还有一些问题没有解决，但是在估计方法、变量的调整、数据的调整、定性因素的量化等方面取得了一些成绩。从未来发展趋势看，新经济增长理论将沿着两个方向进行：一是沿着非线性动态模型路线进行，以更为复杂的数学模型来模拟现实经济世界；二是用计量经济学手段，进行实证检验研究。②

3. 制度变迁理论

　　制度变迁理论是新制度经济学的四个主要理论分支之一，兴起于 20 世纪 70 年代，迄今为止国内外学者均唯诺斯的制度变迁理论马首是瞻。诺斯认为，制度归根结底是对个人行为的规范和约束，带有一定的强制性。制度变迁理论是由产权理论、国家理论和意识形态理论三大基石构成的，其中国家理论是制度变迁理论的核心所在。制度变迁理论强调政府在制度变迁中的重要作用，根据主导性和辅助性作用的不同分为强制性制度变迁和自发性制度变迁。③ 另外，诺斯的制度变迁理论中，值得一提的是"路径依赖"的思想，它对于保持制度的恒定性和效用的长期性具有积极的作用。要更好地解释制度变迁，诺斯的理论需要嵌入建构主义的基本假设。要根据不同领域的特点来理解制度变迁理论，因势利导地发挥政府的正向干预作用。④

4. 可持续发展理论

　　可持续发展理论源于 20 世纪 50 ~ 60 年代。1962 年，美国女生物学家莱切尔·卡逊（Rachel Carson）发表的环境科普著作《寂静的春天》，揭示

---

① 郭熙保、孔凡保：《国际资本流动与"卢卡斯悖论"》，《福建论坛》（人文社会科学版）2006 年第 5 期。

② 高山：《新经济增长理论》，《商业经济》2009 年第 15 期。

③ 道格拉斯·诺斯：《制度、制度变迁与经济绩效》，刘守英译，上海三联书店、上海人民出版社 1994 年版。

④ 杨光斌：《诺斯制度变迁理论的贡献与问题》，《华中师范大学学报》（人文社会科学版）2007 年第 3 期。

了农药污染所致的环境问题，在世界范围内引发了人类关于发展观念的争论。1980 年，世界自然保护联盟发表了《世界自然保护战略》，首先提出了可持续发展的概念。该文件指出："可持续发展强调人类利用生物圈的管理，使生物圈既能满足当代人的最大持续利益，又能保护其后代人需求与欲望的潜力。"① 1987 年，以挪威首相布伦特兰夫人为主席的联合国世界与环境发展委员会发表了一份报告——《我们共同的未来》，正式提出可持续发展概念，把可持续发展定义为"既满足当代人的需要，又不对后代人满足其需要的能力构成危害的发展"，这一概念在 1989 年联合国环境规划署（UNEP）第 15 届理事会通过的《关于可持续发展的声明》中得到接受和认同。1992 年 6 月，联合国环境与发展大会在巴西里约召开，会议提出并通过了全球的可持续发展战略——《21 世纪议程》，并且要求各国根据本国的情况，制定各自的可持续发展战略、计划和对策。1994 年 7 月，国务院批准了我国的第一个国家级可持续发展战略——《中国 21 世纪人口、环境与发展白皮书》。②

在具体内容方面，可持续发展涉及可持续经济、可持续生态和可持续社会三方面的协调统一。就其社会观而言，主张公平分配，既满足当代人又满足后代人的基本要求；就其经济观而言，主张建立在保护地球自然系统基础上的持续经济发展；就其自然观而言，主张人类与自然和谐相处。③由此可见，可持续发展是建立在生态可持续性、经济可持续性、社会可持续性基础之上的经济与社会和人与自然的协调发展，要求人类在发展中讲究经济效率、关注生态和谐和追求社会公平，最终达到全面的持续的发展。在可持续发展系统中，以生态可持续发展为基础，以经济可持续发展为主导，以社会可持续发展为保证。④关于可持续发展的基本原则问题，各学者观点不一，但普遍认同其包括公平性原则、可持续性原则和共同性原则。公平性原则强调发展应该追求两方面的公平：一是本代人的公平即代内平等；二是代际间的公平即世代平等。可持续性原则的核心思想是指人类的经济建设和社会发展不能超越自然资源与生态环境的承载能力。共同性原则是指为了实现全球可持续发展的总目标，应该有共同的认识和责任感，

---

① 李光玉、宋子良：《经济·环境·法律》，科学出版社 2000 年版。
② 联合国环境与发展大会（UNCED）：《迈向二十一世纪——里约宣言》，中国环境科学出版社 1992 年版。
③④ 李天元：《中国旅游可持续发展研究》，南开大学出版社 2004 年版。

采取全球共同的联合行动。正如《里约宣言》所言："致力于达成既尊重所有各方的利益，又保护全球环境与发展体系的国际协定，认识到我们的家园——地球的整体性和相互依存性。"

作为一个具有强大综合性和交叉性的研究领域，可持续发展理论涉及众多学科，随着时代的进步和经济的不断发展，还将被赋予和充实新的内涵。但从根本上说，贯彻可持续发展就是要促进人类之间及人类与自然之间的和谐，协调人口、资源、环境和发展之间的相互关系，使人类内部及人与自然之间保持互惠共生的关系，从而实现可持续发展。

第三节　本章小结

本章归纳总结了产业政策和战略性海洋新兴产业发展政策及其相关理论，为战略性海洋新兴产业发展政策研究奠定理论基础。

在产业政策的理论方面，首先，产业政策是为了实现某种经济目标，各国政府根据自身的经济发展水平和具体国情，通过制定和实施不同的政策措施干预产业间和产业内部资源配置以促进产业结构全面协调和优化升级的一系列政策的总和；其次，从立足于产业的可持续发展、促进产业结构全面协调和优化升级的角度出发，产业政策是一个包括产业发展政策、产业组织政策、产业布局政策、产业结构政策、产业技术政策，以及与之配套的财政、金融政策等的政策体系；最后，结合传统的新古典经济学理论以及现代西方经济学理论，市场失灵论、经济赶超论、产业结构转换论以及提升国家竞争力论应被认为是产业政策得以产生和发展的理论依据。

在战略性海洋新兴产业发展政策及相关理论中，首先，从提法、内涵与特征以及选择依据等方面对战略性海洋新兴产业进行了界定，指出在21世纪的"后危机时代"，我国的战略性海洋新兴产业主要是指能够体现国家的海洋战略意图，以海洋高新技术为首要特征，在海洋经济发展中具有广阔市场前景和巨大发展潜力，能够引领海洋经济发展方向，推动海洋产业结构升级和海洋经济方式转变的海洋新兴产业，具有全局性、长远性、导向性和动态性的特征。其次，就产业发展政策而言，内涵应理解为为实现一定的产业发展目标，围绕产业发展中的诸多问题而运用多种方式制定的一系列具体政策的总和。因此，战略性海洋新兴产业发展政策是为实现战略性海洋新兴产业发展目标，围绕战略性海洋新兴产业发展中的诸多问题而运用多种方式制定的一系列具体政策的总和。战略性海洋新兴产业发展政策是战略性海洋新兴产业政策的一个组成部分，是一个有机的政策体系。该理论体系中应包括战略性海洋新兴产业的宏观指导政策，即战略性海洋新兴产业发展战略，以及战略性海洋新兴产业具体发展政策，即技术、人才、资金、法律法规及制度环境等诸多方面的政策。由于产业发展政策的目的在于促进产业的发展，故其理论基础是产业发展理论。从战略性海洋新兴产业的角度出发，在关联性上与其产业发展政策联系最为紧密的理论主要有技术创新理论、内生经济增长理论、制度变迁理论以及可持续发展理论。技术创新理论着力于通过技术自主创新提高产业的技术发展的速度和经济增长率；内生经济增长理论突出知识、技术和人力资本对于产业经济长期增长的决定性作用；制度变迁理论指出有效率的经济组织是经济增长的关键，强调政府在产业制度变迁中的主导性作用；可持续发展理论旨在促进人类之间及人类与自然之间的和谐，协调人口、资源、环境和发展之间的相互关系，从而实现产业的可持续发展。

第三章 我国战略性海洋新兴产业发展现状分析

随着世界对发展海洋经济重要性认识的逐步加深，我国对战略性海洋新兴产业的发展更加重视，尤其进入20世纪90年代以来步入了快速发展时期，部分领域甚至达到了国际领先水平。然而，与海洋经济发达国家相比，我国战略性海洋新兴产业的整体水平仍然较低，在技术装备、科技研究、人才储备等多方面均存在较大差距。为了尽快改变这种状况，应通过比较国内外战略性海洋新兴产业发展状况，找出我国存在的问题，并分析出现这些问题的原因，以期推动我国战略性海洋新兴产业实现跨越式发展。

第一节 战略性海洋新兴产业发展的国际态势

一、世界战略性海洋新兴产业发展概况

当今世界，各国政府都把目光投向海洋，使得海洋经济总量快速增长。在过去的20年里，世界海洋经济产值已经由1980年的不足2500亿美元迅速上升到2006年的1.5万亿美元，据《海洋产业全球市场分析报告》显示，2009年世界海洋经济产值增长到4.5万亿美元。① 在世界海洋产业产值持续增长的同时，海洋经济发达国家都把发展海洋科技尤其是高新技术作为开发海洋资源、发展海洋经济的关键。通过注重海洋高新技术研究、加

---

① 王宏：《努力促进海洋经济又好又快发展》，《中国海洋报》2009年8月14日。

大对海洋科研的投入、积极促进海洋科技产业化等措施，积极推动战略性海洋新兴产业快速有序的发展。从海洋产业的整体发展来看，除海洋渔业、海洋船舶工业等传统海洋产业增速有所减缓外，其他海洋产业均呈上升态势，其中海洋生物技术业、海洋可再生能源业等战略性海洋新兴产业增速最快。以海洋生物技术业为例，2005 年全球海洋生物技术产业产值为 240 亿美元，市场潜力巨大。①

在海洋经济强国中，美国发展世界战略性海洋新兴产业的势头最为迅猛。自 20 世纪 60 年代起，美国就把发展海洋科技视为称霸海洋的一种重要手段，通过一系列政策法令和海洋科技园推动战略性海洋新兴产业的发展。奥巴马就任总统后，签署了"发展海洋经济，保证美国在海洋经济领域占有领先地位"的决定，同时，为保证海洋经济可持续发展，还要求美国政府尽快制定"海洋空间发展规划"。2009 年 2 月 17 日，奥巴马签署《2009 年美国复兴与再投资法》，推出了总额为 7870 亿美元的经济刺激方案，其中，20 亿美元追加科研投资主要分布在航天、海洋和大气领域。奥巴马政府还提出大力提高美国海洋能产业的国际地位。美国从 2009 年到 2013 年，海洋能产业将呈大幅增长，海洋可再生能源是未来发展的朝阳产业已成为不争的事实。② 政府的重视和持续的投资使得目前美国在海洋探测、深潜、海洋油气勘探和海洋生物技术等领域的研究开发居世界领先水平。

除美国外，其他海洋经济强国也在积极采取措施促进战略性海洋新兴产业的发展。日本政府一直十分重视海洋科技研究和资源开发，提出将海洋纳入国家大战略和全球视野，着重开发海洋深潜技术、深海资源开发技术等海洋关键技术，使日本在海洋生物领域、海水淡化和综合利用领域取得了举世瞩目的成就。英国历来十分重视海洋技术转移工作，采取各种措施形成政府、科研机构和产业部门"三位一体"的联合开发机制，使得海洋油气和海洋装备及材料工业发展较快。法国重点发展的海洋科技有海洋生物资源开发与利用、海洋矿产资源开发与利用等。而加拿大海洋技术产业是涉及包括环境、地理、国防和信息技术等多学科和产业的高技术产业，主要从事先进的近海、深海技术产品的研究、设计、开发、制造、咨询、

---

① National Seagrant Office, "Research and Outreach in Marine Biotechnology: Science Protecting and Creating New Value From the S", http://www. SGA. seagrant. org.
② 赵刚:《奥巴马政府支持新兴产业发展的做法和启示》,《中国科技财富》2009 年第 21 期。

销售、租赁、维修、服务以及承包合同和开展调查，其强项是海洋各类数据的测量分析技术和相关产品。韩国、澳大利亚提出以发展海洋产业为核心，实现海洋经济发展战略，注重海洋生物资源开发技术、海洋矿产资源开发技术等关键技术的研发，目前韩国的海洋矿物开发和海洋空间利用产业已经有了较好的发展。

二、世界战略性海洋新兴产业发展现状

1. 海洋生物医药业

自 20 世纪 60 年代初，各国开始关注海洋生物资源的开发利用，海洋药物研发被提上了议事日程。进入 20 世纪 90 年代，许多沿海国家都加紧开发海洋，把利用海洋资源作为基本国策。美、日、英、法、俄等国家分别推出包括开发海洋微生物药物在内的"海洋生物技术计划"、"海洋蓝宝石计划"、"海洋生物开发计划"等，投入巨资发展海洋药物及海洋生物技术。近 10 年来，全球生物医用材料市场一直保持在 15% 以上的年增长率，2010 年产值达到 4000 亿美元。随着海洋生物资源技术的不断成熟，目前世界各国都在着力研究从各种海洋生物体中提取各种化合物用于海洋药物的研制，有相当一部分已经进入临床试验阶段。各国把相当的资金投入到抗癌药物以及抗心脑血管药物的研发与试验中，以期在海洋药物领域占据优势地位，引领全球海洋生物医药的风潮。另外，各国也十分注意申请生物技术专利，在知识产权保护中使海洋生物医药业不断发展壮大。

2. 海水淡化与综合利用业

海水综合利用主要包括海水淡化、海水直接利用、海水化学资源的提取。目前，海水淡化技术朝着扩大单台装置产能和扩大淡化厂建设规模的方向发展，工程规模达到几十万吨级、单机规模达到万吨级。据统计，全球海水淡化产能已达到每日 6348 万立方米，海水冷却水年用量超过 7000 亿立方米，海水制盐每年近 6000 万吨。目前，沙特阿拉伯、以色列等中东国家 70% 的淡水资源来自于海水淡化，美国、日本、西班牙等发达国家为了保护本国淡水资源也竞相发展海水淡化产业。2008 年，全球海水淡化工程总投资额达到 248 亿美元，每年以 20% ~ 30% 的速度增长。2015 年，预计将达到 564 亿美元。许多沿海国家工业用水量的 40% ~ 50% 是海水，主要用作工业冷却水。目前日本年直接利用海水量为 3000 亿立方米，主要用在

火力发电、核电、冶金、石化等企业，其中仅电力冷却用海水量每年就达
1000亿立方米。美国工业用水的1/3为海水。海水化学资源综合利用方面，
世界上海水提溴走在前列的是美国、日本、英国、法国、西班牙、以色列
等国家，生产量均达到万吨级。海水提钾，由于海水中钾含量浓度不高，
而且有数倍的钠、镁、钙离子与之共存，具有较大的技术难度，目前尚未
形成产业。今后随着海水提钾技术的研究开发，新工艺、新方法，特别是
新的吸附剂、解吸剂的发现，海水提钾有望得到突破性进展。全球目前大
约有近20多个大型海水提镁厂，主要分布在美国的南圣弗朗西斯科湾、得
克萨斯州，英国的哈特普尔，以及日本、法国、意大利、以色列、荷兰、
墨西哥等。

3. 海洋可再生能源业

目前，世界各国都承受着能源危机带来的巨大压力，纷纷把目光转向
了可再生能源的开发利用，海洋可再生能源更是各国经济发展的重中之重。
美国的能源政策中着重强调海洋可再生能源的重要地位，不断加大政府投
入，致力于成为可再生能源的缔造大国。英国也十分重视海洋可再生能源
的发展，在波浪发电和潮汐发电方面有独特的优势。日本在海洋可再生能
源的研究方面始终处于领先地位，其部分技术的先进程度超过美国。日本
及印度在温差发电和盐差发电方面成功实现了技术的产业化。法国则拥有
世界上最大的潮汐电站。综观全球，除潮汐能发电技术已经成熟外，其他
海洋能技术仍在试验发展阶段，其中一部分已经进入商品化利用阶段。[1]

4. 海洋装备业

海洋装备主要包括海洋石油钻井、采油、储油、系泊平台及配套装备，
海洋可再生能源装备，水下生产系统及其安装与维护，深潜与深海空间站，
海底管线安装设备，海洋潮汐和温差电站，海洋监测探测站，海上飞机场
等。其中，海洋结构工程与装备的全球市场规模在2000亿美元左右，年均
增长20%以上。韩国和新加坡是海洋工程制造业强国，欧洲和美国在海洋
工程装备设计、专利技术及关键配套设备供应和工程总承包领域具有垄断
地位。目前，全球主要海洋工程装备建造商集中在新加坡、韩国、美国及
欧洲等国家和地区，其中新加坡和韩国以建造技术较为成熟的中、浅水域

---

① 熊焰、王海峰、崔琳、王鑫、苏新胜：《我国海洋可再生能源开发利用发展思路研究》，《海洋技
　术》2009年第3期。

平台为主，目前也在向深水高技术平台的研发、建造发展；美国、欧洲等国家和地区以研发、建造深水、超深水高技术平台装备为核心。另外，目前国际上水下运载装备、作业装备、通用技术及其设备已形成产业，有诸多专业提供各类技术、装备和服务的生产厂商，已形成了完整的产业链。

5. 深海产业

国际海底区域蕴含着丰富的多金属结核、钴结壳、热液硫化物以及天然气水合物和生物资源。世界深海探明储量已达440亿桶油当量，未发现的潜在资源量有1000亿桶油当量。世界深海油气报告资料显示，深海是未来44%世界油气总储量的来源区，而目前仅占3%，深海油气资源潜力巨大。由深海生物基因资源的开发带动相关领域产生的经济效益高达几十亿美元。世界深海资源产业逐渐向多元化方面发展，包括深海矿产资源勘查技术、深海矿产资源开采技术和深海矿产资源选冶技术。目前，日本的深海采矿技术处于世界领先地位。日本已研制出高效率、高可靠性的流体挖掘式锰结核采矿实现系统，其工作水深可达5250米，同时又正在研制海底热液矿床和钴结壳矿床的采矿系统。① 深海矿产资源勘查技术装备在全球已形成一个庞大的市场，数家知名生产厂家在市场上具有一定的垄断性。国际海底区域已成为21世纪多种自然资源的战略性开发基地，在未来20~30年，随着海洋高技术的发展，势将形成包括深海采矿业、深海生物技术业、深海技术装备制造业的深海产业群。

第二节 我国战略性海洋新兴产业发展现状分析

一、我国战略性海洋新兴产业的发展现状

1. 我国战略性海洋新兴产业发展综述

近年来，海洋经济在我国国民经济建设中的地位显著提升，海洋事业

---

① 孙洪、李永祺：《中国海洋高技术产业及其产业化发展战略研究》，中国海洋大学出版社2003年版。

的发展受到了国家的高度重视,《国家"十一五"海洋科学和技术发展规划纲要》、《全国科技兴海规划纲要》、《国家海洋事业发展规划纲要》等一系列宏观政策的科学引导加速了海洋经济的健康快速发展。据统计,2001~2009 年海洋生产总值年均增长率为 16.12%,远远高出同期国民生产总值的平均增长率。2009 年全国海洋生产总值为 31964 亿元,较 2008 年的 29662 亿元同比增长高达 11%。① 海洋生产总值占同年国内生产总值的 9.53%,占沿海地区生产总值的 15.5%,海洋产业增加值为 18742 亿元,海洋相关产业增加值为 13222 亿元。② 战略性海洋新兴产业呈现出迅猛的发展态势,2001~2008 年我国战略性海洋新兴产业年均增速在 20% 以上。其中,以产业化程度较高的海洋生物医药业、海水利用业以及运用海洋可再生能源发电的海洋电力业为代表,其 2001~2008 年的产值递增情况如表 3-1 所示。

表 3-1　相关战略性海洋新兴产业产值变化　　　　单位:亿元

年份 产业	2001	2002	2003	2004	2005	2006	2007	2008
海洋生物医药业	5.7	13.2	16.5	19.0	28.6	28.3	43.7	58.3
海水利用业	1.1	1.3	1.7	2.4	3.0	3.5	4.2	7.9
海洋电力业	1.8	2.2	2.8	3.1	3.5	4.4	5.1	7.9

资料来源:2002~2009 年的《中国海洋统计年鉴》。

　　如表 3-1 所示,海洋生物医药业、海水利用业以及运用海洋可再生能源发电的海洋电力业年产值呈逐年递增之势,且 2005 年之后增势更为明显,尤其是 2008 年该三大产业年产值分别增至 58.3 亿元、7.9 亿元和 7.9 亿元,达到了前所未有的高度。2009 年,我国海洋生物医药业、海水利用业以及海洋电力业继续其迅猛发展之势,产值分别同比增长 12.6%、18.6% 和 25.2%,明显高于传统海洋产业,显示出战略性海洋新兴产业强劲的发展后劲。

　　2. 我国战略性海洋新兴产业发展现状

　　(1) 海洋生物医药业。我国海洋药物系统研究始于 20 世纪 70 年代。

----

① 国家海洋局:《中国海洋发展报告 2010》,海洋出版社 2010 年版。
② 国家海洋局:《2009 年中国海洋经济统计公报》,海洋出版社 2009 年版。

1997 年，国家开始针对海洋生物领域启动海洋高技术计划。之后，一批批海洋生物技术重大项目相继启动，海洋药物的研究与开发取得长足进展。国务院于 2003 年发布了《全国海洋经济发展规划纲要》，确立了发展海洋经济的指导原则和发展目标，提出将海洋生物医药作为主要发展的海洋产业之一。2005 年，随着海洋生物制药技术的日益提高，海洋生物医药产业化进程逐渐加快。2005 年海洋生物医药业总产值为 48 亿元，增加值为 17 亿元，比 2004 年增长 15.6%。2006 年，我国海洋生物医药产业成长较快，海洋生物医药业总产值为 94 亿元，增加值为 26 亿元，比 2005 年增长 15.5%。2007 年，海洋生物医药业不断加强新药研制与成果转化，产业化进程逐步加快。全年实现增加值 40 亿元，比 2006 年增长 37.7%。2008 年和 2009 年，海洋生物医药业产值持续增长，显示出强劲的发展势头。①

　　近年来，我国海洋生物医药研究逐步走向规范化，形成了以上海、青岛、厦门、广州为中心的 4 个海洋生物技术和海洋药物研究中心。在沿海省市，从事海洋天然药物研究的机构多达数十家，一批海洋药物研究开发基地分别在中国海洋大学、国家海洋局第一海洋研究所、中科院海洋所等单位建立。随着国家生物产业基地落户青岛，青岛市崂山区经过几年的培育和发展，已拥有海洋生物相关企业 100 余家，海洋生物产业年产值每年以平均 30% 的速度增长，已逐渐形成了以黄海制药为龙头、华仁药业和爱德检测等为中坚的梯次发展的企业队伍，迅速形成了以海大兰太等 20 余个大项目为代表的海洋生物医药产业带。从发展趋势看，海洋功能生物材料的开发利用正快速成长为新的支柱性产业。例如，从海藻、海绵、海鞘中可分离提取抗菌、抗肿瘤、抗癌物质，用于开发海洋药物和生物制剂；运用现代生物工程技术，培养具有特殊用途的超级工业细菌，可用来清除石油等各类污染物；深海生物基因资源的研究与开发，在医药、环保、军事等领域有广阔的应用前景。另外，随着海洋生物技术的发展，中国海洋药物已由技术积累进入产品开发阶段。

　　（2）海水淡化与综合利用业。我国海水资源开发利用技术研究起步于 20 世纪 60 年代。几十年来海水淡化技术、海水直接利用技术和海洋化学资源提取技术都得到了不同程度的提高，海水淡化装备得到了改进。国家在各种海洋科技规划与方针中都明确提出要大力发展海水淡化业，并积极依

① 国家海洋局：《2009 年中国海洋经济统计公报》，海洋出版社 2009 年版。

托各类海洋类高校和科研院所培养了大批掌握海水淡化技术的人才。在技术、资金、人才等条件不断完善的前提下，海水淡化也积极进行了工程示范，取得了良好的经济效益和社会效益，加快了其产业化进程。2009年，我国海水利用规模进一步扩大，自主创新能力不断提升，大生活用水技术、海水利用关键装备制造等领域取得重大突破。全年实现增加值15亿元，比2008年增长18.6％。① 鉴于我国人均淡水占有量是世界人均占有量的1/4，多数沿海地区处于极度缺水状态的情况，海水淡化和海水直接利用有着广阔的发展前景，未来发展的重点是海水综合利用和相关技术研发及装备制造。

（3）海洋可再生能源业。我国可再生能源储量丰富，可开发的潮汐能为1.1亿千瓦、潮流能为0.18亿千瓦、海流能为0.3亿千瓦、波浪能为0.23亿千瓦、温差能为1.5亿千瓦、盐差能为1.1亿千瓦。除潮汐能开发利用比较成熟外，其他能源的开发尚处于技术研究和示范试验阶段，有些已经具备商业化运作的条件。从潮汐发电来看，我国拥有世界最多的潮汐电站，其中以江厦电站最具代表性，且技术居于世界领先水平。但从整体上看，海洋可再生能源技术还不够成熟，产业规模相对较小，与经济社会发展所需的较大应用量相比还存在着很大的差距。

（4）海洋装备业。从海洋装备发展历史来看，我国海洋石油装备的研制始于20世纪70年代初期。20世纪80年代后，我国在半潜式钻井装备研制方面有所突破。进入21世纪后，尤其是近几年来，我国加大了海洋油气资源的勘探开发及石油钻采装备的更新力度，海洋装备技术有了较快发展。目前，我国已具备全海域深度水下机器人、远距离智能无人潜器、大深度（7000米）载人潜器研制能力，且总体技术水平处于世界先进水平，在深海载人空间站研制领域处在世界前沿。但我国装备技术与制造基础薄弱，关键元器件与材料国产化率低，配套设备缺乏稳定性。我国上海外高桥、大连船舶重工、青岛北海重工等企业主要生产低端产品，市场份额尚不足5％，在设计、配套等核心技术上几乎是空白；我国海洋装备的开发相当一部分仍以与国外合作为主，而通过引进技术和自主创新，我国将逐步掌握这些技术，为将来的发展做准备。

（5）深海产业。面对全球深海投资越来越多的趋势，我国作为全球深

---

① 国家海洋局：《2009年中国海洋经济统计公报》，海洋出版社2009年版。

海产业的重要参与者，要抓住机遇，迎接挑战。2007年，"南海深海油气勘探开发关键技术及装备"成为我国"十一五""863计划"海洋技术领域重大项目之一。此项目将为我国水深300～3000米深海大中型油气田勘探开发提供有力的技术支撑。近几年，中国石油、中国石化、中国海油等公司大力推动海洋战略，中国海油目前已设立了深海实验室，取得了初步成果。我国深海采矿技术已经形成了一批具有产业化开发价值的技术成果，这些成果为构建新的产业奠定了坚实的基础。基于现状，要在建立国家深海产业的总体框架下，优先构建深海矿物资源开采业、深海技术装备制造业等深海高技术产业群，同时组建国家深海产业基地。

二、我国战略性海洋新兴产业发展存在的主要问题

1. 相关的政策法规不健全

从世界范围来看，海洋经济发达国家的发展优势很大程度上取决于其政策法规的健全。反观我国，尽管国家海洋局已启动了战略性海洋新兴产业规划研究工作，但战略性海洋新兴产业的环境效益、社会效益和经济效益还没得到充分认识，尚未形成全社会积极参与和支持战略性海洋新兴产业的良好环境，极大地减缓了战略性海洋新兴产业的发展速度。战略性海洋新兴产业的发展尚处于初期，产业发展虽然拥有广阔的发展前景但潜力没有被充分挖掘出来，想要实现蓬勃发展必须依靠国家政策的大力支持。从战略性海洋新兴产业现有政策来看，还存在很大缺失。以海洋可再生能源为例，《中华人民共和国可再生能源法》的颁布与实施使我国海洋可再生能源的研究与开发工作有法可依，但仍存在政策体系不完整、激励力度不够、相关政策之间缺乏协调等问题，尚未形成支持海洋可再生能源持续开发利用的长效机制。

2. 缺乏相关的管理与协调机构

海洋经济发达国家通过建立政府管理与协调机构，管理和调拨国家专项资金，负责通过合理的方式向研发海洋科技的科研机构以及科技创新企业提供资金支持，使政府、科研机构以及企业形成一体化机制，有利于政府的宏观管理，更有利于战略性海洋新兴产业的应用和产业化。我国由于受到旧体制的束缚，新兴海洋产业的发展缺乏协调机制，产业与沿海市地之间、产业与行业之间、产业与环境之间存在着矛盾，严重阻碍着海洋资

源的合理配置。① 因此，建立相关管理和协调机构来统筹考虑各种资源的综合开发和综合效益，形成支持战略性海洋新兴产业持续健康发展的长效机制着实十分必要。

3. 技术自主研发能力薄弱，科技成果转化率低

与其他海洋产业相比，海洋药物、海水综合利用和深海采矿等海洋产业对技术和资金，特别是对海洋高新技术的依赖性很大。② 受国内科技发展水平的制约，海洋自主研发能力较弱，突出表现为我国装备技术与制造基础薄弱，关键元器件与材料国产化率低，在设计、配套等核心技术上几乎是空白。另外，科技成果转化率低，科技成果始终处于研发阶段的状况依旧突出。这种状况从 2006～2008 年海洋能源开发技术研究科技课题情况（见图 3-1）和海洋能源开发技术研究科技专利情况（见图 3-2）中可见一斑。

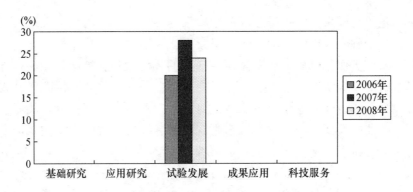

图 3-1 海洋能源开发技术研究科技课题情况

资料来源：2007～2009 年的《中国海洋统计年鉴》。

从图 3-1 和图 3-2 可以看出，三年间海洋能源开发技术一直处于试验发展阶段，在科技服务、成果应用、应用研究和基础研究方面却始终是空白。就科技专利而言，三年间专利申请受理数百分比和专利授权数百分比徘徊在 25%～45%，而拥有发明专利总数百分比却始终处于 20% 以下，即使是成绩最好的 2007 年也只有 17.65%。在海洋经济发展对海洋科技愈加依

---

① 郑贵斌：《新兴海洋产业可持续发展机理与对策》，《海洋开发与管理》2003 年第 6 期。
② 陈可文：《中国海洋经济学》，海洋出版社 2003 年版。

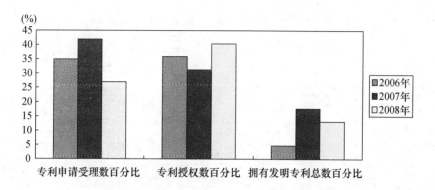

图3－2 海洋能源开发技术研究科技专利情况

资料来源：根据2007～2009年的《中国海洋统计年鉴》数据整理所得。

赖的趋势下，关键技术自给率低和科技成果转化率低的现状很大程度上削弱了科技对于战略性海洋新兴产业的支撑作用，影响了战略性海洋新兴产业综合效益的发挥。

4. 缺乏有效的投融资机制

战略性海洋新兴产业是以高新技术为首要特征的新兴产业，技术研发和产业培育需要大量的资金投入。发达国家强化科技管理，持续大量地投资于海洋科技领域，极大地推动了科技研发的进度和关键技术的突破。相比之下，我国与发达国家的海洋科研与经费投入相差悬殊，缺乏对战略性海洋新兴产业研究与开发的长期资金投入机制，难以提供促使其蓬勃发展的物质保障。另外，国外的海洋油气勘探开发技术、先进海洋仪器的研制开发等主要以大企业的投入为主，如英国在1994～1995年的海洋研发经费中，企业的投入占整个经费投入额的36%。[1] 鉴于战略性海洋新兴产业高风险、高投入、回报周期长的特点，仅仅依靠政府资金投入远远满足不了其发展的需要，形成有效的社会融资机制是当前亟待解决的问题。

5. 人才储备不足，高层次人才匮乏

与海洋经济发达国家相比，需要对战略性海洋新兴产业的人才储备不足、高层次人才匮乏的问题给予高度重视。随着海洋经济的快速发展，海洋产业的从业人数从2006年的1006.7万人递增到2008年的1097.0万人（见

---

[1] 李芳芳、栾维新：《知识经济时代下我国海洋高新技术产业的发展》，《海洋开发与管理》2005年第1期。

表3-2），海洋生物医药、海洋电力和海水利用的就业人数三年中分别为
0.8万人、0.9万人、0.9万人和1.0万人、1.0万人、1.1万人，占各年度
海洋产业就业总人数的比重不足1‰，表明现有与后备力量严重缺乏，对战
略性海洋新兴产业的可持续发展构成极大的威胁。

表3-2　相关战略性海洋新兴产业就业人员情况　　　单位：万人

产业 ＼ 年份	2006	2007	2008
合计	1006.7	1075.2	1097.0
海洋生物医药	0.8	0.9	0.9
海洋电力和海水利用	1.0	1.0	1.1

资料来源：2007～2009年的《中国海洋统计年鉴》。

在战略性海洋新兴产业人才储备不足的情况下，具备较强适应能力、
创新能力和竞争力的高层次人才也极为缺乏，以海洋生物医药业科技人才
为例，如图3-3、图3-4所示。

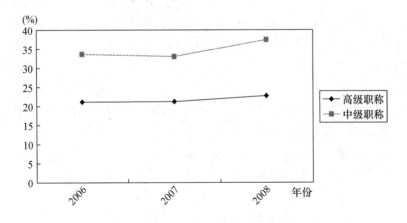

图3-3　海洋生物医药业科技人员职称比较

资料来源：根据2007～2009年的《中国海洋统计年鉴》数据整理所得。

从海洋生物医药业科技人员的职称情况来看，2006～2008年拥有中级、
高级职称的海洋生物医药业科技人员比例数呈现稳中有升的良好态势。其中，

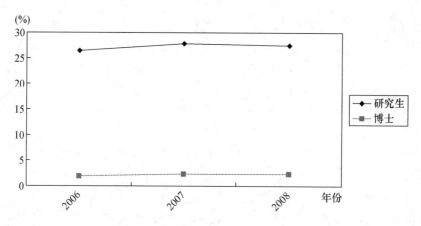

图 3 - 4　海洋生物医药业科技人员学历比较

资料来源：根据 2007 ~ 2009 年的《中国海洋统计年鉴》数据整理所得。

拥有高级职称的海洋生物医药业科技人员分别占 21.15%、21.23% 和 22.75%，呈逐年上升的趋势，但与拥有中级职称的海洋生物医药业科技人员比例数 33.65%、33.02% 和 37.44% 相比依然处于明显的劣势。从学历上看，这种劣势更为明显：相对于 26.44%、27.83% 和 27.49% 的研究生比重而言，拥有博士学位的海洋生物医药业科技人员只占其中的 1.92%、2.36% 和 2.37%，进一步说明了战略性海洋新兴产业高层次人才的匮乏，严重束缚了战略性海洋新兴产业的竞争力和创造力。

6. 国际合作有待加强

我国战略性海洋新兴产业的发展已经有了一些国际合作的事项和经验，逐渐呈现出国际化发展的趋势。从战略性海洋新兴产业整体来看，目前仅在海洋油气业和海水淡化业方面实现了国际合作，其他领域均未进行有效的国际对接，因此在国际化程度的时代背景下处于被动的地位，极大地阻碍了我国战略性海洋新兴产业潜力的发挥。面对国际海洋经济合作共赢的历史机遇，积极有效的国际合作才是战略性海洋新兴产业发展的必由之路。

三、我国战略性海洋新兴产业问题成因分析

1. 我国战略性海洋新兴产业发展尚处于初期阶段

近年来，随着海洋科技的不断进步，我国战略性海洋新兴产业取得了

一定程度的发展。海洋生物医药业、海水利用业、海洋可再生能源发电业等战略性海洋新兴产业迅速崛起，发展势头强劲，海洋装备制造业、深海战略资源开发也取得了巨大的成就。但是，我国战略性海洋新兴产业发展基础却比较薄弱，发展规模较小。2009 年我国海洋生物、海水利用、海洋电力三大战略性海洋新兴产业增加值占海洋 GDP 的比重不足 0.3%，严重阻碍了战略性海洋新兴产业在转变经济增长方式、实现跨越式发展方面优势的发挥。另外，从产业发展周期角度看，我国战略性海洋新兴产业尚处于发展初期，相应的宏观规划和管理体制、机制尚未建立。目前我国还没有国家层面的战略性海洋新兴产业总体发展规划，海洋领域战略性新兴产业的发展定位和方向亟待明确；具体的产业扶持政策和产业发展指导意见尚未制定，亟须出台具体的政策措施在体制、机制上鼓励战略性海洋新兴产业的发展。国家层面战略性海洋新兴产业总体发展规划以及产业发展指导意见的缺失使得具体产业发展缺乏导向，难以拟定适应战略性海洋新兴产业发展需要的政策法规，致使相关的政策法规难以建立健全，而战略性海洋新兴产业管理体制、机制尚未建立又使得缺乏相应的管理和协调机构成为必然。

2. 我国战略性海洋新兴产业的科技水平相对落后

战略性海洋新兴产业的首要特征就是海洋高新技术，海洋科技是战略性海洋新兴产业的助推器。战略性海洋新兴产业存在的自主研发、人才储备等问题都要依靠大力发展海洋高新技术和实施科技兴海来解决。我国战略性海洋新兴产业的科技水平和创新能力同发达国家相比还存在较大的差距，突出表现在以下几个方面：

（1）海洋科技对海洋经济的贡献率低。与美国、日本等一些海洋经济强国相比，支撑我国战略性海洋新兴产业发展的海洋生物技术、海洋药物资源开发技术、海水淡化技术以及海洋能利用技术等对海洋经济的贡献率偏低，严重影响了海洋经济产值的增长和国际竞争力的提高。

（2）缺乏必要的基础研究与应用技术储备。首先，我国战略性海洋新兴产业发展起步较晚，缺乏对目前海洋基础科学研究水平的客观认识，原始性创新不多，忽视科学研究的连续性，只抓短平快项目，造成基础海洋科学技术研究成果少，有国际影响的重大突破则更少，不利于海洋科学技术的产业化发展进程。其次，科学研究工作是一项积累的过程，而科研成果的出现需要大量的技术储备。我国的战略性海洋新兴产业发展在认识到海洋科技是海洋经济现实生产力的同时，却忽视了科学技术研究的规律，急于将科研成果立即转化推广，产生直接的经济效益，这使得我国科研成果储备占研究项目总数的5%～10%，与发达国家的20%有较大差距，损害了我国战略性海洋新兴产业的可持续发展和潜在效益的挖掘。

（3）技术装备落后。作为以海洋高科技为主要特点的战略性海洋新兴产业的发展是要以先进的技术装备为物质基础的，而我国目前的海洋技术装备远远落后于海洋发达国家。海洋油气资源开发、深海矿产资源勘探等领域都需要大批引进国外的技术装备，海洋科学研究所需要的许多先进的仪器和试验设备也需要从外国引进，具有自主知识产权的技术或装备较少，这种较强的依赖性制约了战略性海洋新兴产业的蓬勃发展。

（4）科技资源缺乏有效整合。有效整合高校、企业和科研院所的科技资源是海洋经济发达国家推动战略性海洋新兴产业发展的一条成功之道。然而，我国战略性海洋新兴产业的产学研脱钩、技术转移困难，造成了科技成果转化率低的局面。

3. 我国战略性海洋新兴产业发展的资金投入不足

战略性海洋新兴产业的发展除了依靠海洋科技的强大支撑外，还需要支持其可持续发展的持续大量资金。长期以来，我国海洋经济发展的资金来源主要依靠政府的资金投入，来源渠道单一且资金数量有限，对于需要大量资金注入的战略性海洋新兴产业来说，有限的政府资金投入与大量资金需求的矛盾迫切需要建立多元化的资金来源渠道。然而，由于战略性海洋新兴产业具有技术含量高、研发周期长、风险较高的特点，又难以吸引大量、连续的资金注入，使得资金短缺成为制约战略性海洋新兴产业发展的主要因素。近年来，西方国家的风险资本和证券市场已经逐步代替政府投资，成为科技研发的重要来源。我国战略性海洋新兴产业也正逐步采用风险投资的形式来融通资金，但我国风险资本的主要来源仍是政府财政科技拨款和银行科技开发贷款，并没有充分利用包括个人、企业、金融或非金融机构等具有投资潜力的力量来共同构筑一个有机的风险投资网络，因而采用风险投资的战略性海洋新兴产业的资金来源渠道单一，资金缺口较大，不能满足我国战略性海洋新兴产业的巨额资金需要。匮乏的资金来源加之我国投融资渠道尚不够衔接、不畅通的现实情况，严重制约了战略性海洋新兴产业的发展。

4. 我国战略性海洋新兴产业的人才缺乏

21世纪海洋的竞争，归根结底是知识和人才的竞争。从根本上说，海洋科技的发展和海洋经济的进步都取决于劳动者素质的提高及大量合格人才的培养。对于以海洋科技进步为发展前提的战略性海洋新兴产业来说，能否拥有适合发展需要的、实现产业跨越式发展的大量专业人才更是决定其兴衰成败的关键。由于战略性海洋新兴产业的人才需要具有较高的海洋科技水平，因而人才现有量相对较少。在人才总量匮乏的情况下，掌握海洋高新技术的高层次专业技术人才和具备国际化视野的高级经营管理人才更为稀缺。以海洋生物医药业为例，目前我国海洋生物医药专业技术人员比例不足1%。另外，从人才分布上说，高层次人才大都分布在科研院所和高校，很少分布在生产一线，对于海洋药物的研究开发、海洋装备制造和深海采矿等技术密集且富有挑战的战略性海洋新兴产业来说，高层次人才更是奇缺。因此，着眼于战略性海洋新兴产业的可持续发展，着力培养一批掌握核心技术、引领海洋产业未来发展的海洋领军人才及其相应科技研发团队已成为十分紧迫的战略任务。

第三节　本章小结

本章着重分析了我国战略性海洋新兴产业的发展现状及存在的问题，并就这些问题的原因作了探讨，旨在为我国战略性海洋新兴产业发展政策研究奠定现实基础。

首先，在分析我国战略性海洋新兴产业发展现状之前，阐述了当今世界战略性海洋新兴产业发展态势。概述美国、日本、加拿大、法国等海洋经济强国注重海洋高新技术研究、加大对海洋科研的投入、积极促进海洋科技产业化等措施，积极推动战略性海洋新兴产业的快速有序发展的良好态势。然后分别阐述了当今世界海洋生物医药业、海水淡化与综合利用业、海洋可再生能源业、海洋装备业以及深海产业的发展现状，为与我国战略性海洋新兴产业发展现状比较做好前序呼应。

其次，分析我国战略性海洋新兴产业的发展现状和存在的问题。在阐述我国战略性海洋新兴产业发展现状时，先通过2001～2009年我国相关战略性海洋新兴产业的产值变化反映出我国战略性海洋新兴产业的迅猛发展之势，后分别阐述了我国海洋生物医药业、海水淡化与综合利用业、海洋可再生能源业、海洋装备业以及深海产业的发展现状。对于我国战略性海洋新兴产业发展现状存在的问题，是通过比较国内外战略性海洋新兴产业的现状，指出我国战略性海洋新兴产业发展存在相关的政策法规不健全、缺乏相应的管理和协调机构、技术自主研发能力薄弱、科技成果转化率低、缺乏有效的投融资机制、人才储备不足、高层次人才匮乏以及国际合作有待加强的问题。继而，从我国战略性海洋新兴产业发展所处的阶段以及科技、资金和人才的角度分析了产生这些问题的原因，这也正是从政策层面解决战略性海洋新兴产业发展问题的切入点。

第四章　国外战略性海洋新兴产业发展政策分析

20世纪中期以来，海洋经济发达国家纷纷制定海洋科技战略规划来规范战略性海洋新兴产业的发展，这些国家围绕政府投入、技术创新、人才培养引进、税收优惠、技术转移和科技成果产业化等环节，建立了战略性海洋新兴产业的具体发展政策，为战略性海洋新兴产业的可持续发展提供了重要的政策支撑。通过分析它们的战略性海洋新兴产业发展政策，总结它们的成功经验，为进一步完善我国战略性海洋新兴产业发展政策提供有益的借鉴。

第一节　国外战略性海洋新兴产业的现有发展政策

一、国外战略性海洋新兴产业发展战略及指导规划

海洋科技的快速发展使发达国家争相制定海洋科技发展战略与规划，以占据国际海洋科技竞争的制高点。美国、日本、加拿大等海洋经济强国率先意识到了以海洋高新技术为主要特征的战略性海洋新兴产业需要海洋科技战略与规划的引导和支持，纷纷在本国的海洋发展战略与规划中涉及了战略性海洋新兴产业的相关内容，为战略性海洋新兴产业的发展提供了政策依据。

1. 美国战略性海洋新兴产业发展战略及指导规划

从 20 世纪 50 年代起,美国先后出台了一系列战略规划,如《全球海洋科学规划》、《21 世纪海洋蓝图》及其实施措施——《美国海洋行动计划》等为其海洋科技的快速发展提供了强有力的政策支持,使美国在海洋科学基础研究和技术开发方面形成了显著的领先优势,成为美国战略性海洋新兴产业发展的战略及指导规划。

20 世纪 80 年代,美国就提出了《全球海洋科学计划》,为占据海洋科技发展的优势地位,美国注重海洋科技的研发,要以全球战略的眼光来提升海洋科技水平。20 世纪 90 年代,美国先后出台《90 年代海洋学:确定科技界与联邦政府新型伙伴关系》、《1995 ~ 2005 年海洋战略发展规划》,继续夯实美国海洋科技的领导地位,以着眼于 21 世纪的前瞻性积极发展海洋高技术产业,不断提升海洋科技的技术含量。2004 年,美国出台了 21 世纪的新海洋政策——《21 世纪海洋蓝图》,为 21 世纪的美国海洋事业与发展描绘出了新的蓝图。2004 年 12 月 17 日,时任美国总统布什发布行政命令,公布了《美国海洋行动计划》,为落实《21 世纪海洋蓝图》提出了具体的措施。《绘制美国未来十年海洋科学发展路线——海洋科学研究优先领域和实施战略》、《美国海洋大气局 2009 ~ 2014 战略计划》是美国当前最新,也是最能反映美国海洋科技创新当前需求的两个战略规划,从中可以看出当前和今后一定时期美国海洋科技领域的政策目标和重点,对战略性海洋新兴产业的发展起到了与时俱进的指向作用。奥巴马执政后,建立了一个海洋政策工作小组,强调了美国在海洋海岸经济增长方面所做的努力。除了加大对可再生的陆地资源和海洋能源的投资外,美国国家海洋与大气局国际事务办公室与私营部门合作,开发了一个综合海洋观测系统,目的是提高收集信息、传递信息、使用信息的效率,使政策制定者以及公司部门的利益相关者采取行动提高安全等级,加强经济发展并且保护环境。此外,奥巴马在 2010 年制定的预算中,将美国致力于发展可再生能源的投资增加了一倍。另外,还要加强对能源领域的相关服务,如水源、气候、数据,并且为相关各州以及联邦的合作伙伴提供数据和服务。① 2011 年 1 月,奥巴马政府颁布了 2011 年的预算计划,拨给美国海洋与大气管理局(NOAA)

---

① 姆斯·特纳:《美国海洋经济发展的现状与展望》,《青岛日报》2009 年 8 月 11 日。

56 亿美元的预算经费，用于海洋经济发展和气候问题研究。[①] 这其中有相当数额的财政预算经费用于战略性海洋新兴产业的发展。

2. 日本战略性海洋新兴产业发展战略及指导规划

日本历届政府都很重视海洋的开发，逐年增加海洋开发经费，不断加强海洋开发及其科学技术研究。20 世纪 60 年代以来，日本政府把经济发展的重心从重工业、化工业逐步向开发海洋、发展海洋产业转移，迅速形成了以海洋生物资源开发、海洋交通运输、海洋空间利用、海洋工程等高新技术为主的现代海洋开发体系，有关海洋发展的战略与规划也对战略性海洋新兴产业的发展起到了引航的作用。

1990 年出台的《海洋开发基本构想及推进海洋开发方针政策的长期展望》，本着海洋科技自主创新的原则，大力发展海洋高新技术产业相关领域的科技研发，努力从科技角度带动海洋科技水平的提高；1997 年制定了《日本海洋开发推进计划》和《海洋科技发展计划》，立足国际角度重点发展海洋科技的基础和应用研究，为海洋经济的快速发展奠定了坚实的基础。进入 21 世纪后，日本组织实施了"西太平洋深海研究 5 年计划"；2007 年 4 月，日本众议院通过了《海洋基本法》和《关于设定海洋构筑物安全水域的法律草案》。2008 年 2 月，根据《海洋基本法》，日本出台的《海洋基本计划草案》提出："应通过研发引入高端新技术，培养海洋产业方面的人才等手段，维持与强化国际竞争力；为利用海洋资源与空间，应创建新的海洋产业，把握海洋产业的动向。"

此外，日本先后推出了《深海钻探计划》、《大洋钻探计划》、《海洋高技术产业发展规划》、《天然气水合物研究计划》、《海洋研究开发长期规划》、《综合大洋钻探计划》等。近几年还实施了《基础科学力强化综合战略》、"建设低碳社会研究开发战略"、《海洋能源和矿物资源开发计划》，提出了基础科学研究、低碳技术及海洋能源和矿物等领域的研究目标和内容。日本内阁官房综合海洋政策本部在《海洋产业发展状况及海洋振兴相关情况调查报告 2010》中就明确提出计划 2018 年实现海底矿产、可燃冰等资源的商业化开发生产；计划到 2040 年整个日本的用电量的 20% 由海洋能源（海洋风力、波浪、潮流、海流、温度差）提供。这些规划都是以推进海洋高科技发展为目的，确保日本在海洋科技方面的领先地位，创造高附加值

---

① 美国国家海洋与大气管理局网站，http：//www. noaa. gov/budget/.

的经济利润，有利于增强日本战略性海洋新兴产业的竞争力。

3. 加拿大战略性海洋新兴产业发展战略及指导规划

进入 21 世纪以来，加拿大为跻身海洋经济强国不断颁布旨在促进海洋事业发展的规划与战略。这些规划与战略在引导加拿大海洋事业发展的同时，为战略性海洋新兴产业的发展指明了方向。其中，2005 年加拿大政府颁布的《海洋行动计划》突出了国家海洋战略发展的四大重点领域，即国际海洋领导力、海洋主权和安全，推动海洋可持续发展的海洋综合管理体制，海洋生态系统健康以及海洋科学与技术的发展。海洋科技的发展主要通过海洋产业发展路线图确定加拿大海洋技术的发展前景，充分利用国家海洋技术革新潜力，支持建立海洋技术展示平台，推动加拿大海洋科技的创新和突破。

通过发展海洋科技来发展战略性海洋新兴产业，被加拿大视为其占据国际科技竞争制高点的一个重要举措。加拿大《海洋行动计划》中把海洋科技作为支持海洋可持续发展的四个支柱之一，明确地把自己的角色定位为海洋科技领域的世界级领导者。在政策支持上突出表现为通过设立各种计划，使战略性海洋新兴产业的科技创新都能得到政府的帮助和扶持。与海洋科技创新相关的科技计划（机构）主要包括国家研究理事会的海洋技术研究所（NRC－IOT）、国家研究理事会工业研究援助计划（NRC－IRAP）、国际合作创新中心（The Inco Innovation Centre）、纪念大学工程和应用科学学院等。国家研究理事会的海洋技术研究所（NRC－IOT）的目的是，主要通过模拟海洋环境、预测和改善海洋系统的性能、发展能给加拿大海洋产业带来效益的创新技术等方式，为加拿大战略性海洋新兴产业提供技术专业支持服务。国家研究理事会工业研究援助计划（NRC－IRAP）是加拿大首屈一指的创新援助项目，主要为小型和中型的加拿大企业提供援助，范围包括增值技术和业务咨询、财政援助和其他范围内的创新性援助等。国际合作创新中心（The Inco Innovation Centre）拥有供孵化公司的空间资源，通过大西洋创新基金（AIF），联邦政府给这个先进设施投资超过1300 万美元。国际合作创新中心管理供孵化公司，海洋技术企业中心的客户们可以利用孵化器。纪念大学工程和应用科学学院在工业外展项目（Industrial Outreach Program）中设有一个小型的孵化器，可为海洋科技企业中心培养年经的企业家，并参与和海洋技术企业中心的有合作关系的公司间的研究和发展。

4. 其他国家战略性海洋新兴产业发展战略及指导规划

法国和澳大利亚也尤为重视海洋高新技术产业的发展。法国从 20 世纪 70 年代开始，在海洋生物技术、海洋生物资源的开发利用、深海采矿技术、海底探测技术方面制定了相应的研究与发展计划。为进一步加强海洋科技创新能力，法国制定了海洋科技 "1991～1995 年战略计划" 和 1996～2000 年 "法国海洋科学技术研究战略计划"，旨在海洋生物技术业、海洋可再生能源业、深海产业的研究与开发方面再上一层楼。澳大利亚在 1997 年提出了实施《海洋产业发展战略》，在全面推进海洋产业健康快速发展的同时，格外重视海洋高技术产业的发展，积极推进海洋高新技术的研发，重点在海洋生物技术、海水淡化与综合利用技术、海洋可再生能源技术、深海探测技术等对海洋经济发展有显著推动作用的前沿技术方面加大政策倾斜和投资力度，以确保相关海洋产业的国际竞争力。① 随后，澳大利亚政府于 1998 年发布了《澳大利亚海洋政策》和《澳大利亚海洋科技计划》，并在 2003 年成立了海洋管理委员会。为了达到国际竞争力和生态可持续发展的目标，澳大利亚海洋产业和科学理事会（AMISC）提出了海洋产业发展存在的一些重要问题，提出了 21 世纪海洋产业各领域的发展战略，特别指出要重点发展一些规模小、未充分发展的海洋产业，如海洋生物技术和化学品（目前规模很小）、海底矿产（未得到充分发展）、海洋替代能源（波能、热度梯能等）和海水淡化。

韩国在 2006 年颁布实施国家海洋战略——《海洋韩国 21 世纪》。该战略提出了创造有生命力的海洋国土、发展以高科技为基础的海洋产业、保持海洋资源的可持续开发三大基本目标。海洋产业增加值占国内经济的比重从 1998 年占 GDP 的 7.0% 提高到 2030 年的 11.3%。其中，保持海洋资源的可持续开发是指为了实现海洋资源的可持续开发，将水产品中养殖业产量所占的比重从 2000 年的 34% 提高到 2030 年的 45%；启动开发大洋矿产资源，到 2010 年达到年 300 万吨的商业生产规模；开发利用生物工程的新物质，到 2010 年创出年 2 万亿韩元以上的海洋产值；到 2010 年推出年发电 87 万千瓦时规模的无公害海洋能源开发。②

---

① 文艳、倪国江：《澳大利亚海洋产业发展战略及对中国的启示》，《中国渔业经济》2008 年第 26 期。
② http：//english. mltm. go. kr/intro. do.

二、国外战略性海洋新兴产业的具体发展政策

1. 海洋生物医药业政策

20世纪70年代以来，海洋生物医药业的发展逐步引起了世界各国政府的关注。美国、日本等发达国家不断加大了对海洋生物医药业的支持力度。由于生物技术的快速发展，许多国家都把生物技术产业作为21世纪优先发展的战略性产业，作为提高本国竞争力的重要手段，纷纷制定发展计划，加大对生物技术产业的政策扶持力度与资金投入。近年来，美国对生物技术产业的重视程度不断提高，制定的《生物技术未来投资和扩展法案》通过修改赋税制度，刺激了企业研究与投资生物技术产业的积极性，各州也相继制定了生物技术产业发展战略。在联邦和州有关法案中，特别体现了偏重生物医药产业发展、关注中小型制药企业以及注重人力资源等方面，对包括海洋生物医药技术企业在内的生物高技术企业提供优惠的税收政策。如联邦政府减免了高技术产品投资税、高技术公司的公司税、工商税，各州政府减免了有关企业的销售和使用税、投资税和资本收益税等，并允许生物技术企业转让税收优惠给其他合作企业。为鼓励生物医药产业发展，日本于2002年修改了《医药法》，将生物制药从化学合成制药中独立出来而成为一个门类，从对原料选择到上市销售的各个环节都制定了相应的管理制度，强化了对生物医药的监管。日本政府还对包括海洋生物医药企业在内的生物技术企业提供有针对性的税收减免政策，促进有关高技术产业快速成长。欧盟近几年加快了医药产业政策的制定，出台了直接针对生物医药业的《生物技术发明的法律保护指令》和《欧洲生命科学与生物技术战略》，把生物医药确定为7个优先发展领域之一。此外，欧盟各成员国也根据本国实际，采取了相应的政策措施，促进了生物医药产业的发展。如法国从2002年起推出了提供种子资金、修改知识产权法规等一系列措施加快产业发展。德国多次修订《基因技术法》，促进生物医药业的发展。此外，英国也出台了类似的产业政策，支持包括海洋生物医药业在内的生物技术产业发展。这些政策在很大程度上为海洋生物医药业的发展提供了制度保障，有效地促进了海洋生物医药业的发展。

2. 海水淡化与综合利用业政策

进入 20 世纪，随着世界水资源危机的加剧，海水作为一种替代性淡水资源越来越受到重视。世界各国纷纷制定了一些专门的海水利用规划，积极研究制定鼓励发展海水淡化政策措施。早在 1952 年，美国政府就发布了《苦咸水转化法》。1996 年，美国国会又通过了《水淡化法》，进一步加强了海水资源的淡化处理。① 美国 2004 年颁布《脱盐电价优惠法》，意在给予海水淡化以积极的补贴，并在很大程度上帮助降低海水淡化的成本。在严重缺水的中东地区，以色列政府于 2000 年发布了一项海水淡化利用规划，计划在 5 年内实现年产 4 亿立方米淡水的海水淡化产能，并同时发展当地的苦咸水淡化系统。② 阿联酋对发电设施和供水设备的进口没有限制，只征收 4% 的关税。在澳大利亚，其海洋发展战略中明确把海水淡化作为一个重要的新兴产业来对待，认为技术障碍的突破将使海水淡化焕发很大的产业发展优势。日本、欧盟等国家和地区也纷纷制定诸多政策规划，为海水淡化与综合利用业的健康发展提供政策法规保障。

3. 海洋可再生能源业政策

随着海洋经济的发展，以海洋风能、波浪能和潮汐能为代表的海洋可再生能源开发业得到了各国的广泛重视。以欧盟各国和美国、加拿大、日本、韩国为代表的海洋大国纷纷出台各自的海洋新能源开发鼓励政策，有力地推动了国际海洋新能源产业的发展。从目前各国可再生能源政策体系和专门针对海洋新能源开发的鼓励措施来看，国际海洋新能源开发相关鼓励政策主要包括以下两大类：一类是研发与创新支持政策；另一类是产业发展激励政策。③ 海洋新能源研发与创新政策是指海洋新能源利用技术研发相关政策，主要包括政府对可再生能源研发与示范的投入。在市场化激励政策领域，国际上常见的鼓励政策包括投资激励、税收激励、价格补贴和产品配额制等。其中，投资激励政策主要包括政府拨款、贷款、赊购、第

---

① NRC, "Desalination: A National Perspective", *National Research Council of The National Academy*, The National Academy \ ies Press, Washington, D. C. , 2008.

② Lokiec F. and Kronenberg G. , "South Israel 100 Million m3/y Seawater Desalination Facility: Build, Operate and Transfer (BOT) Project", Desalination, 2003 (156), pp. 29 – 37.

③ AEA Energy & Environment, "Review and Analysis of Ocean Energy Systems Development and Supporting Policies. A Report of Sustainable Energy Ireland for the IEA's Implementing Agreement on Ocean Energy Systems", 2006.

三方金融（由政府承担风险或提供低利率贷款）等；税收激励政策主要是相关领域的投资与生产税收抵免措施；价格补贴政策主要指收购价格保证与固定入网价格（FITs）措施等；产品配额制政策包括可交易绿色认证、产品配额义务等。[①] 为了顺应海洋可再生能源开发的时代潮流，各国政府都制定了各自的能源发展目标，并出台了相应的政策措施来鼓励海洋可再生能源开发与国内能源结构的优化调整。

美国海洋可再生能源开发利用的依据是《能源政策法》。1992 年，美国《能源政策法》提出了两项能源优惠，即可再生能源税收抵免和可再生能源生产补助。《能源政策法》要求能源部门将海洋能包括在可再生能源目录内并且要求能源部门实行。《能源政策法》也使海洋能有资格获得可再生能源工程建设基金。《能源政策法》第 388 部分授权美国内政部在外大陆架的诸如近岸风能和波浪能的海洋可再生能源建设工程的批租权，而此前只能授权给石油、天然气和矿物开发工程。1998 年，克林顿政府提出的《综合电力竞争条例》制定了一个国家通用的可再生能源配额制度（RPS），要求到 2010 年可再生能源占全国电力供给的 7.5%。2005 年 12 月，联邦与州的管理部门（Federal and State Management Service）通过发起提出规则的进一步审议，寻求关于外大陆架开发工程批准程序的意见。这项审议包括了诸预授权的标准在内的 36 个问题。其中一个问题提到关于可能存在的矿物管理部与其他部门的职责重复问题。海洋可再生能源协会希望推动近岸可再生能源的开发并且和更多的贸易部门合作来提出意见以协助矿物管理部履行职责。[②] 2009 年 2 月，美国总统与国会通过了一项重大的可再生能源刺激法案，大幅度增加了美国能源部波浪与潮汐能技术项目的资金。奥巴马总统更是提议，到 2012 年，美国 10% 的国内能源供给来自于可再生能源，到 2025 年增加到 25%，这些发展目标的提出极大地推动了包括海洋能源在内的美国可再生能源产业的发展。[③] 2009 年，美国国会又相继通过了《2009 年恢复与再投资法》和《清洁能源与安全法案》，从多个方面对美国新能源政策进行了较为具体的阐述，与海洋新能源开发相关的政

---

① European Ocean Energy Association, "Ocean Energy: A European Perspective", 2009.

② 雷庄研：《我国海洋可再生能源开发利用法律制度的建设与完善》，硕士学位论文，厦门大学，2009 年。

③ Schaumberg P. J. and A. M. Grace - Tardy, "The Dawn of Federal Marine Renewable Energy Development", Natural Resources & Environment, 2010, 24 (3), pp. 15 - 19.

策内容包括以下两项①：第一，要求电力公司通过可再生能源发电和提高能源效率来满足部分电力增长需求，新的电力增长部分中至少有 3/4 源自可再生能源。到 2012 年，包括海洋能在内的可再生能源占全美总电力消费的比重达到 6%，2020 年提高到 20%。第二，至 2025 年，对新型清洁能源技术和能源效率提高技术的投资规模将达到 1900 亿美元，其中能源效率和可再生能源投入达到 900 亿美元。

欧盟是世界包括海上风能、波浪能和潮汐能在内的海洋新能源产业发展的先驱。2001 年，欧盟《可再生能源法》规定到 2010 年欧盟发电总量的 21% 必须来自于可再生能源，而可再生能源占欧盟各国全部能耗的比重要达到 12%。2005 年，欧洲海洋能协会在比利时成立。2007 年，《欧洲能源战略》突出了开发海洋新能源的需要。2008 年批准的《战略能源技术规划》（SET - Plan）与《欧盟研发与示范框架 7 计划》（EP7）和《智能能源计划》（IEE）共同构成欧盟能源战略整体框架。② 在发展目标与政策研究领域，欧盟能源政策分析报告（European Commission，2007）提出新的能源行动计划核心是实现更可持续的、安全的与竞争性的低能源经济。通过制定正确的政策与立法框架，加大对清洁、可持续的能源技术与可再生能源的投资，增加对可再生能源的利用，使可再生能源比重从 7% 增加到 2020 年的 20%，其中海洋可再生能源在其未来可再生能源发展目标中占有相当比重。③

20 世纪 70 年代以来，英国制定了强调能源多元化的能源政策，鼓励发展包括海洋能在内的多种可再生能源，实现能源可持续发展。海洋是获取这些能源的天然场所。1992 年联合国环境与发展大会后，为实现对资源和环境的保护并减少污染，英国进一步加强了对海洋能源的开发利用，把波浪发电研究放在新能源开发的首位。2003 年英国《能源政策白皮书》中，英国政府将海洋能源作为一个优先发展领域，并强调对这一部门的研发支持将会带来其阶跃性的发展突破。具体政策支持上，英国先后资助一系列项目激励海洋能源创新活动，包括英国政府的"技术项目"、碳信托的"海

---

① 高静：《美国新能源政策分析及我国的应对策略》，《世界经济与政治论坛》2009 年第 6 期。
② Commission of the European Communities，"Offshore Wind Energy：Action Needed to Deliver on the Energy Policy Objectives for 2020 and Beyond"，Brussels，Belgium，2008.
③ European Commission，"Energy for a Changing World：An Energy Policy for Europe - the Need for Action"，2007.

洋能源中的挑战"项目、"Super Gen Marine"海洋可再生能源研究项目等。2004年英国通过《能源法案》(Energy Act),鼓励使用可再生能源,并提出要在2020年前,使国内可再生能源需求比例达到20%。具体来说是通过以下几个政策措施来促进海洋可再生能源发展的:第一,英国根据本国国情,从国家整体发展战略的高度,统一协调国家能源建设,将可再生能源提到英国可持续发展战略保障体系的核心。第二,为了统一领导和协调一致,联邦政府在综合分析现状和未来的基础上对大力开发利用可再生能源进行了战略布局,并确立了可再生能源发展的未来目标。与此同时调整能源结构,逐步停止使用核能,推出"可再生能源计划",建立一个面向未来的可持续发展的现代化能源供应体系。第三,英国政府多年来坚定灵活地运用经济手段和激励政策支持可再生能源的开发利用。例如,联邦政府推出了为期25年的可再生能源义务和气候变化税以替代非化石燃料义务和化石能源税。第四,联邦政府在2002~2004年,累计投入2.5英镑就风能、水能、海势能等能源形式的利用进行研发和示范,加大对可再生能源领域的研发力度。[①] 2010年,英国发布《海洋能源行动计划》,目的在于制定一个共同接受的2030年海洋能源发展愿景,并通过公共与私有部门的合作行动来推动和部署海洋能利用,以实现《英国可再生能源战略》和《低碳产业发展战略》所设定的发展目标。

4. 海洋装备业及深海产业政策

当前世界主要国家都在积极抢占后金融危机时代的经济科技发展制高点,利用各种举措发展海洋装备业:投入大量资金进行海洋装备的自主研发,在很大程度上实现了关键技术的自给;配备相关配套设施,加强配套设施的稳定性;在模块设计制造、关键系统和设备的设计制造、装备的调试安装等领域形成一些专业化的分包商,完善产业链等。在深海产业发展方面,1968年美国启动"深海钻探"计划,成为国际地学界为时最长、影响最大的合作计划,至今仍在实施,已经在全球各大洋钻井近3000口、取芯近30万米,验证了板块构造理论,创立古海洋学,揭示了气候演变的规律,发现了海底"深部生物圈"和"可燃冰",引发了整个地球科学领域的革命。日本先后推出了《深海钻探计划》、《大洋钻探计划》、《海洋高技术产业发展规划》、《天然气水合物研究计划》、《海洋研究开发长期规划》、

---

① 辛欣:《英国可再生能源政策导向及其启示》,《财经政法资讯》2006年第1期。

《综合大洋钻探计划》等促进深海产业的发展。

第二节　战略性海洋新兴产业发展
政策的经验借鉴

综观全球，美国、日本等海洋经济发达国家由于具体国情与海洋经济发展阶段的不同，其战略性海洋新兴产业发展战略与具体政策也呈现出一定的差异。然而，各国纷纷围绕政策规划的制定、管理与协调机构、技术研发与成果转化、投融资机制、人才和国际合作等方面来建立战略性海洋新兴产业发展政策体系，并在规范和推动战略性海洋新兴产业的发展上取得了一定的成效。结合我国战略性海洋新兴产业的具体特点，借鉴它们共同的成功经验和模式，对于进一步完善我国战略性海洋新兴产业发展政策、促进我国战略性海洋新兴产业的跨越式发展具有积极的意义。

一、加强国家层面发展政策与规划的制定

从世界范围来看，海洋经济发达国家战略性海洋新兴产业的发展优势很大程度上取决于其政策法规的建立健全。《绘制美国未来十年海洋科学发展路线——海洋科学研究优先领域和实施战略》、《美国海洋大气局 2009～2014 战略计划》是美国当前最能反映美国海洋科技创新需求的两个战略规划，从中可以看出当前和今后一定时期美国海洋科技领域的政策目标和重点，对战略性海洋新兴产业的发展起到了与时俱进的指向作用。日本内阁官房综合海洋政策本部在《海洋产业发展状况及海洋振兴相关情况调查报告 2010》中就明确提出，计划 2018 年实现海底矿产、可燃冰等资源的商业化开发生产；计划到 2040 年整个日本的用电量的 20% 由海洋能源（海洋风力、波浪、潮流、海流、温度差）提供。在战略性海洋新兴产业具体领域的发展方面，英国的《海洋能源行动计划》以及日本的《深海钻探计划》有效地引导和促进了英国海洋可再生能源业和日本深海产业的发展。

借鉴海洋科技发达国家的成功经验，我国应在《全国海洋经济发展规划纲要》、《国家"十一五"海洋科学和技术发展规划纲要》、《全国科技兴

海规划纲要》、《国家海洋事业发展规划纲要》等一系列宏观政策指导下，制定专门针对我国战略性海洋新兴产业特点的政策与规划，指引和保障其规范、有序的发展。

二、建立专门的管理和协调机构

美国、英国等海洋经济发达国家成立"海洋联盟"或"海洋科学技术协调委员会"等专门机构来管理和协调战略性海洋新兴产业的相关事宜，其主要职责包括帮助公众提高对海洋资源价值以及海洋科技的经济价值的系统认识，积极组织海洋科技的研发和成果转化，紧密结合海洋科技各部门关系，协调产业发展过程中的内部矛盾等。这些机构的成立对各国战略性海洋新兴产业的统筹协调发展起到了至关重要的作用。在我国成立此类专门的管理和协调机构对于战略性海洋新兴产业的发展更具重大意义，该机构不仅可以负责制定战略性海洋新兴产业的发展规划，协调相关部门的各项工作，还可以促进海洋科技资源的整合，加速海洋高新技术的产业化进程。

三、重视海洋科技研发和成果转化

战略性海洋新兴产业的发展离不开科学技术的进步，各海洋强国都非常重视海洋科学技术的研发。以日本为例，日本制定了详细的科学研究计划，这些海洋科技计划的付诸实施使日本在海洋科学的许多领域处于世界前列，为战略性海洋新兴产业的发展提供了强有力的技术基础。再加上政策的引导和资金的投入，使得科技对日本海洋经济的贡献率达到 70% ~ 80%，而我国只有 30%。[①]

各海洋强国在加强海洋科技研发的同时，还非常重视技术成果的产业化。加拿大政府主动在政府、商业界、学术界、沿海社区和区域组织中寻找海洋科学家和技术创新者之间的密切联系，积极创造机会促进海洋科技的创新性和海洋技术的商业化进程。在加拿大《海洋行动计划》中，加拿大政府提出了海洋科学技术倡议（Initiative），主要包括海洋科技网（O-

---

① 韩立民：《海洋产业结构与布局的理论和实证研究》，中国海洋大学出版社 2007 年版。

ceans Technology Networks）和普拉森提亚湾技术示范平台（Placentia Bay Technology Demonstration Platform）。海洋科技网有利于海洋信息、新发现和新技术共享，并促进合作伙伴关系的建立和商业计划的发展。普拉森提亚湾技术示范平台用来证明现代技术可以应用到综合管理的可行性，同时向世界市场展示加拿大的专业知识和技术水平。

因此，在《全国科技兴海规划纲要》的指引下，我国要重点鼓励和支持海洋技术创新和自主知识产权产品开发，围绕战略性新兴产业的竞争能力和发展潜力，优先推动海洋关键技术成果的深度开发、集成创新和转化应用，鼓励发展海洋装备技术、海洋生物技术、海水利用技术、海洋可再生能源发电技术等，促进海洋经济从资源依赖型向技术带动型转变，以及形成以中心城市为载体的海洋科技成果转化、产业化和服务平台，加快海洋科技成果的转化。

四、建立有效的投融资机制

由于战略性海洋新兴产业关键技术的研制、开发、转化都需要有大量的资金支持，因此战略性海洋新兴产业的发展质量在很大程度上取决于资金足够有效的供给。[①] 1994 年，美国、日本海洋研究与开发的投入已分别是我国的 28 倍和 8 倍。[②] 进入 21 世纪，各国更是加大了对海洋科研经费投入以保证战略性海洋新兴产业的可持续发展。2011 年 1 月，奥巴马政府拨给美国海洋与大气管理局（NOAA）56 亿美元的预算经费，用于海洋经济发展和气候问题研究。[③] 日本文部科学省 2011 年将投入 7 亿日元用于海洋资源开发的基础研究；经济产业省投入 133.91 亿日元用于海洋油气资源开发，投入 12 亿日元用于海底矿产资源开发，并将国家海洋技术创新系统的构建作为未来的重点工作方向。

海洋经济发达国家在加大政府投入的同时，多采取吸引企业投入、信贷资本和民间资本等多元化的融资方式来筹集战略性海洋新兴产业发展所需的持续大量资金。随着海洋金融市场的不断活跃，西方国家的风险资本

---

① 李芳芳、栾维新：《知识经济时代下我国海洋高新技术产业的发展》，《海洋开发与管理》2005年第 1 期。

② 于谨凯：《我国海洋产业可持续发展研究》，经济科学出版社 2007 年版。

③ 美国国家海洋与大气管理局网站，http：//www.noaa.gov/budget/.

已经逐步代替政府投资，成为战略性海洋新兴产业资金的重要来源。2008年，为了支持加拿大风险资本产业和促进加拿大创新性新公司的可持续发展，加拿大政府通过加拿大实业发展银行提供了3.5亿美元，来扩展风险资本的活动，包括直接投资在公司中的2.6亿美元和间接投资在加拿大风险资本领域内的9000万美元。① 此外，2008年财政预算案为实业发展银行预留了7500万美元，创建一个新的私营风险投资基金，旨在为加拿大科技公司的后期发展阶段服务。这些行动将有助于推动在不断增长的创新性的公司中的资金投资。② 加拿大的海洋科技部门还有很多联邦资金来源。例如，加拿大创新基金是政府的一个独立机构，旨在资助研究设施的建设，任务是加强大学、学院、研究医院以及非营利科研机构的实力，来进行世界一流的科学研究和技术开发，造福加拿大人。自1997年成立，加拿大创新基金已在65个城市、130个研究机构、6800个项目中出资达53亿美元。在维多利亚大学的海王星海底实时观测系统的项目中，加拿大创新基金出资6240万美元。③

鉴于我国长期以来海洋科研经费不足的情况，国家更应在财政预算中逐年提高用于海洋研究与开发的经费，将国家自然科学基金、国家"863"高技术研究发展基金以及各地方的重点基金积极向战略性海洋新兴产业上倾斜，从源头上给予其有力的财政支持。在加大政府投入的同时，利用社会风险投资，多途径、多方式广泛吸引信贷资金、企业和民间资本、外资等参与海洋开发，最大限度地融通全社会资金，建立多元化的海洋投融资机制，充分调动各种类型的资金投入到国家战略性海洋新兴产业，形成国家战略性海洋新兴产业投资的良性循环。

五、注重培养海洋高科技人才

各海洋经济强国战略性海洋新兴产业的发展优势很大程度上取决于对高科技人才的培养。2009年，美国总统奥巴马在《美国创新战略：推动可持续增长和高质量就业》中提出，要教育下一代掌握21世纪的知识和技

---

① http：//www.innovation.ca/en.
② 江浩、靡一声：《加拿大科技创新成果产业化考察及借鉴》，《上海铁道科技》2004年第1期。
③ http：//www.innovation.ca/en/news/? &news_id=68.

能，培养具有世界水平的劳动力。日本于 2009 年推出了《基础科学力强化综合战略》，希望通过加强人才队伍建设，构筑有创造力的研究环境，提高日本的国际竞争力。2009 年的国家创新政策白皮书《激发创意：21 世纪的创新议程》、2009～2010 年预算文件以及《政府对构建澳大利亚的研究力量》等，充分反映了澳大利亚政府未来 10 年通过吸引最优秀的人才开展世界一流的研究、加强研究队伍建设的政策与措施。各海洋经济强国一方面高度重视管理人才和专业技术人才的培养，给那些勇于创新创业的高科技人才创造良好的环境；另一方面注重对海洋高科技人才的激励，通过创造吸引科技人才的企业氛围、提供有利于实现自身价值的研发环境以及实施适当的薪酬奖励等措施，激发高科技人才的积极性和创造性，促使其更好地投身战略性海洋新兴产业的发展建设中。

我国应借鉴国外培养科技人才的经验，在重大专项实施过程和战略性海洋新兴产业的发展中，突出抓好创新人才培养，加快培育高层次创新创业人才和科技领军人物，深入实施高层次人才引进计划，使战略性海洋新兴产业成为科技人才创新创业的平台。从技术创新角度来看，应积极引导掌握高新技术的专业人才向海洋装备、深海产业等技术密集型产业流动；从经济效益角度来看，应着力培养海洋生物医药业、海水淡化及综合利用业的具备国际化视野的经营管理人才。另外，要建立适当的人才激励机制，重视海洋新能源科技人才的培养与储备，并通过创造吸引科技人才的企业氛围、有利于实现科技人才自身价值的研发环境以及适当的薪酬刺激等措施，激发各类人才的积极性，使其更好地投身战略性海洋新兴产业的发展建设中，成为发展战略性海洋新兴产业的生力军。

六、加强国际合作

在战略性海洋新兴产业的发展中，海洋经济发达国家本着互利共赢的原则积极制定国际合作计划，在技术研发、设备使用以及人才交流等各个方面建立了国际双边和多边合作机制，在提高国家间海洋资源使用效率的同时树立了海洋经济强国的良好形象，取得了多位一体的综合效益。日本、美国等海洋经济发达国家通过设备、实验设施等方面的共同利用，实现了部分资源的共享，加拿大则是通过海洋科学技术合作伙伴体系鼓励和支持海洋技术领域内的合作。海洋科学技术合作伙伴体系（OSTP）[①] 作为在加拿大海洋行动计划的支持下开发的非营利组织，可以有效地促进和监督海洋科学领域中产业战略的实施，其使命如下：捕捉海洋科学研究人员和技术创新之间的联系；鼓励区域和国家之间的网络联系，促进信息共享和海洋科技意识的建立；鼓励和支持合作，以开发科技并使之商业化；为国家海洋技术领域提供话语权。

目前，最重要的国际海洋科学合作计划是海洋勘探与研究长期扩大方案。海洋科学国际合作已不再局限于了解海洋的自然规律，开始运用科学的成果开发利用人类共有的海洋资源和海洋空间。面对国际国家间联合开发海洋资源、互动开展海洋研究的大趋势，我国应积极借鉴发达国家先进的海洋科技基础理论，独立研发尖端的海洋科技，凭借自身战略性海洋新兴产业的发展优势与海洋强国实现产业研发与规模化的互惠合作，不失时机地推动我国战略性海洋新兴产业的蓬勃发展，提升我国海洋经济的整体水平。

第三节　本章小结

本章通过梳理国外战略性海洋新兴产业的发展政策，总结出海洋经济发达国家战略性海洋新兴产业发展政策中共性的成功经验，为我国战略性海洋新兴产业发展政策的进一步完善提供了有益的借鉴。

首先，梳理了国外战略性海洋新兴产业的发展政策。国外战略性海洋新兴产业的发展政策主要由国外战略性海洋新兴产业发展战略及指导规划和国外战略性海洋新兴产业的具体发展政策构成。国外战略性海洋新兴产业发展战略及指导规划从世界各国的海洋科技战略规划中得以体现，尤其以美国、日本、加拿大的海洋科技战略与指导规划为突出代表；国外战略性海洋新兴产业的具体发展政策是各国在海洋生物医药、海水淡化与综合利用、海洋可再生能源、海洋装备以及深海产业 5 个战略性海洋新兴产业领域的具体政策措施。

[①] http：//www. ostp－psto. ca/AboutOSTP. asp.

　　其次，总结出国外战略性海洋新兴产业发展政策中共性的成功经验并进行借鉴。美国、日本等海洋经济发达国家的战略性海洋新兴产业发展政策通过制定国家层面的政策与规划、成立专门的管理和协调机构、重视海洋科技的研发与成果转化、建立有效的投融资机制、注重培养高层次人才和加强国际合作等措施来规范和推动战略性海洋新兴产业的发展，并以此来促进海洋产业结构的优化和升级。结合我国战略性海洋新兴产业的具体特点，借鉴它们的成功经验和模式，对于进一步完善战略性海洋新兴产业发展政策具有积极意义。

第五章　我国战略性海洋新兴产业发展政策分析

虽然战略性海洋新兴产业刚刚提出不久，相关发展政策尚未出台，但国家为推动海洋科技和海洋产业发展出台的一系列的政策和措施中包含了对我国战略性海洋新兴产业发展具有指导意义的宏观政策以及各战略性海洋新兴产业的具体发展政策，这些政策和措施对我国战略性海洋新兴产业发展起到了较好的推动作用。本书通过梳理和分析这些政策措施，找出其中的不足之处，以期不断完善我国战略性海洋新兴产业发展政策。

第一节　我国战略性海洋新兴产业的现有发展政策

一、我国战略性海洋新兴产业发展战略及指导规划

中共和国家领导层历来对海洋事业十分重视，具体体现在中共和国家的有关政策法律法规方面都有促进海洋经济健康快速发展的相关内容。进入 21 世纪，中共和国家领导层越发重视海洋的重要战略地位，相继下发了《全国海洋经济发展规划纲要》、《国家"十一五"海洋科学和技术发展规划纲要》、《国家海洋事业发展规划纲要》、《全国科技兴海规划纲要（2008～2015 年)》等一系列重要的方针政策来规范和指导海洋经济的发展。由于战略性海洋新兴产业是以海洋高新技术为主要特征的海洋产业，因此这些政策中关于通过发展海洋科技来振兴相关海洋产业的指导方针，为我国战略性海洋新兴产业的发展指明了方向。

1.《全国海洋经济发展规划纲要》

为实现中共十六大提出的海洋强国的战略目标，凸显海洋经济的战略地位，国务院于 2003 年 5 月颁布实施了《全国海洋经济发展规划纲要》。《全国海洋经济发展规划纲要》指出，发展海洋经济的指导原则之一就是要贯彻科技兴海的战略方针，以科技进步引领海洋经济的发展。具体来说，就是要进一步合理配置海洋科技资源，合理布局海洋科技力量，将增强海洋科技的创新能力作为一项重要任务来抓，将海洋科技创新作为一个完整体系来建设。在注重关键技术突破的同时，积极培养海洋科技以及海洋产业所需的各类人才，做好积极的人才储备。重点在海洋生物技术、海水淡化与综合利用、海洋可再生能源、深海技术等领域攻克技术难关，不断提高海洋科技的自主创新能力，深化海洋相关产业的资源储备和人才保障。[①]《全国海洋经济发展规划纲要》作为我国制定的第一个指导全国海洋经济发展的宏伟蓝图和纲领性文件，是中共中央、国务院贯彻落实中共十六大提出的"实施海洋开发"战略部署的重大举措。《全国海洋经济发展规划纲要》确定的海洋生物资源开发、海水利用、深海探测等领域以及相关的科学研究和人才战略等重要措施对我国战略性海洋新兴产业的发展具有积极的指导意义。

2.《国家"十一五"海洋科学和技术发展规划纲要》

为落实《国家中长期科学和技术发展规划纲要》，进一步促进海洋科技的创新，不断增添海洋科技发展的后劲，保障国家的海洋权益，引导海洋经济的健康持续发展，国家海洋局连同各有关单位联合印发《国家"十一五"海洋科学和技术发展规划纲要》。该纲要是我国第一个海洋科技的正式规划，具有里程碑式的积极意义。在全面分析我国海洋经济发展的现状以及面临的问题的基础上，着重分析海洋科技发展当前的整体状况和制约因素，站在国家海洋发展战略的高度，按照"深化近海、拓展远洋、强化保障、支撑开发"的指导方针和"需求牵引，推进创新"、"远近结合，超前部署"等原则，面向"十一五"海洋工作的战略机遇期，从海洋科技推动海洋事业的进程和对海洋经济的支撑作用考虑，全面安排了今后海洋工作的发展方略和重点任务，统筹协调各方资源积极促进海洋科技的全面发展，从投入、体制、国际合作、成果转化等方面提出了发展方向，为下一步海

---

①《全国海洋经济发展规划纲要》，国发〔2003〕13 号。

洋科技的纵深发展提供了行动指南。《国家"十一五"海洋科学和技术发展规划纲要》始终贯彻了"科技兴海"的海洋发展理念，为战略性海洋新兴产业的海洋高新技术的发展提供了政策支撑。

3. 《国家海洋事业发展规划纲要》

为加快发展海洋事业，努力建设海洋强国，着力提升我国综合国力、国际竞争力和抗风险能力，国务院于 2008 年批准了《国家海洋事业发展规划纲要》。《国家海洋事业发展规划纲要》指出，海洋事业发展要本着"海洋科技创新体系基本完善，自主创新能力明显提高。重大海洋技术自主研发实现新突破，科技对海洋事业的各个方面的支撑和引领作用明显增强。海水利用对沿海缺水地区的贡献率达到 16% ~ 24%。海洋科技的国际竞争力明显加强"的目标，要"加强海洋生物资源开发，充分利用生物技术，发掘和筛选一批具有重要应用价值的海洋生物资源，开发海水养殖新技术、选育一批海水养殖新品种，建立种苗繁育基地，加速产业化，推动海水养殖业发展；加快海洋生物活性物质分离、提取、纯化技术研究，支持海洋生物医药、海洋生物材料、海洋生物酶等研究开发和产业化。加快建设海洋能源、海水淡化与综合利用等工程，建立海洋循环经济示范企业和产业园区"。对于战略性海洋新兴产业所需的海洋高新技术和关键技术，要重点发展"深、远海海洋环境立体监测与实时监控技术、海底观测系统与网络技术、天然气水合物勘探开发技术、大洋矿产资源与深海基因资源探查和开发利用技术、深海运载和作业技术以及海洋可再生能源技术"等海洋前沿技术，积极发展"海水淡化与综合利用技术、海洋油气高效利用技术、深海油气勘探开发技术、海洋能利用技术、海洋新材料技术、海洋生物资源可持续利用技术和高效增养殖技术"等海洋关键技术。①《国家海洋事业发展规划纲要》是新中国成立以来首次发布的海洋领域总体规划，是海洋事业发展新的里程碑，对促进海洋事业的全面、协调、可持续发展和加快建设海洋强国具有重要的指导意义。与以往的海洋政策相比，《国家海洋事业发展规划纲要》在海洋生物医药、海水淡化与综合利用、海洋可再生能源和深海领域都指出需要重点发展的关键技术，为战略性海洋新兴产业的技术储备指明了方向。

①《国家海洋事业发展规划纲要》，国发［2008］9 号。

4. 《全国科技兴海规划纲要 (2008～2015 年)》

为发挥海洋科技对海洋经济的支撑和引领作用，加快海洋科技成果转化和产业化，国家海洋局、科技部 2008 年联合公开发布了《全国科技兴海规划纲要 (2008～2015 年)》。该规划纲要在全面分析我国海洋科技兴海现状和面临的形势后做出总体部署和决策，从推进海洋高新技术产业和解决海洋经济发展中的问题入手，提出了五项重点任务。其中之一是加速海洋科技成果转化，促进海洋高新技术产业发展，具体包括优先推动海洋关键技术集成和产业化、重点推进高新技术转化和产业化、鼓励海洋装备制造技术转化应用三个部分。在优先推动海洋关键技术集成和产业化的范围中指出海洋生物技术集成与产业化和海水综合利用产业技术集成与产业化，要对海洋生物技术和海水综合利用技术的各项核心部分进行突破，积极进行各项成果的示范和推广，将科技成果尽快转化为现实生产力，从而带动海洋生物技术与海水综合利用技术的产业化进程。在重点推进高新技术转化和产业化的范围中则围绕海洋可再生能源利用技术产业化和深（远）海技术应用转化开展，强调各类海洋可再生能源的技术突破，加强相关试验基地建设和深海技术的不断推陈出新以及深海基地的建设。鼓励海洋装备制造技术转化应用是通过海洋油气的相关技术装备以及相关的深水平台、探测设备、具有自主知识产权的相关设计研发及成果应用来实现的。[①] 另外，《全国科技兴海规划纲要 (2008～2015 年)》还专门确定了要重点推进的八大专项示范工程，其中与战略性海洋新兴产业有关的有海洋生物资源综合利用产业链开发示范工程、海水综合利用产业链开发示范工程、海洋装备制造业技术产业化示范工程、海洋可再生能源利用技术示范工程。

《全国科技兴海规划纲要 (2008～2015 年)》是中国新形势、新阶段对科技兴海工作的全面规划，是中国首个以科技成果转化和产业化促进海洋经济又好又快发展的规划，是指导这期间中国科技兴海工作的行动指南。《全国科技兴海规划纲要 (2008～2015 年)》的政策措施着力解决科技兴海战略实施中的体制，旨在营造一种有利于海洋技术创新和产业化的发展环境，包括人才、资本与市场等方面，促进海洋高新技术转移与成果转化，实现海洋科技成果与海洋经济之间的对接和转移。与以往的海洋政策相比，《全国科技兴海规划纲要 (2008～2015 年)》中技术转化与示范工程的相关

---

① 《全国科技兴海规划纲要 (2008～2015 年)》，国海发 [2008] 21 号。

内容和战略性海洋新兴产业紧密性更强，进一步显示出战略性海洋新兴产业对海洋科技发展的重要作用，有利于引导战略性海洋新兴产业实现跨越式发展。

除上述四大纲要外，为深入实施科技兴海战略，推动海洋科技成果转化和产业化，促进海洋高技术产业发展和海洋经济发展方式转变，国家海洋局于2010年11月出台了《国家海洋局工程技术研究中心管理办法（试行）》。该办法旨在根据海洋高技术产业和战略性新兴产业发展的重大需求，建立工程化研究、验证的设施和有利于海洋技术创新、成果转化的机制，缩短海洋科技成果转化周期，提高现有成果的成熟度、配套性和产业化水平，促进海洋新技术自主创新成果向现实生产力转化，增强海洋高技术产业和战略性新兴产业核心竞争能力。[①] 该办法的重要意义在于通过市场机制使所形成的海洋技术成果实现技术转移和推广，推动建立海洋高技术产业联盟，真正起到海洋科研与海洋高技术产业或战略性新兴产业之间的桥梁和纽带作用。该办法可以帮助解决战略性海洋新兴产业的科技成果应用与推广中存在的问题，有效提高海洋科技成果转化率，对于发挥战略性海洋新兴产业的经济效益，提高其对海洋经济的贡献率具有积极的推动作用。

二、我国战略性海洋新兴产业的具体发展政策

1. 海洋生物医药业政策

我国至今尚未出台专门针对海洋生物医药业的法律法规和产业政策，但由于国家一直以来对生物医药业提供相关的制度保障，使海洋生物医药业可以从中找到政策依据。20世纪80年代以来，我国的医药政策逐步与国际接轨，在修订中不断完善。1984年制定实施了《药品管理法》，并于2001年进行了修订。1988年首次颁布了《药品生产质量管理规范》，后经多次修订使质量管理覆盖药品开发、生产和销售等各个环节和领域。从1995年起开始探索药品分类管理制度，1999年颁布了《处方药与非处方药分类管理办法（试行）》，逐步对处方药与非处方药进行分类管理。1999年，中共中央在《关于加强技术创新发展高科技实现产业化的决定》中明确指

---

① 《国家海洋局工程技术研究中心管理办法（试行）》，国海科字［2010］690号。

出："在生物技术及新药、新材料、新能源、航空航天、海洋等有一定基础的高新技术产业领域，加强技术创新，形成一大批拥有自主知识产权、具有竞争优势的高新技术企业。"

进入21世纪以来，我国政府把生物医药产业作为优先发展的战略性产业，加大了对其的政策扶持与资金投入。"十五"规划明确提出的医药发展重点中包括生物制药。在国家"863"等科研计划中，都对海洋药物研发给予了较大的支持，开发了一批具有自主知识产权的海洋新药。2003年的《全国海洋经济发展规划纲要》中指出，海洋生物医药业要重点突破海洋生物相关技术，主要是具备中国传统特色的海洋中药，确保其有自主知识产权，将研发重点放在具有良好经济效益的海洋中成药上，积极促使其产业化发展并具有一定规模。[①] 2006年国务院出台的《国家中长期科学与技术发展规划纲要（2006~2020年）》明确指出，未来十五年我国要在生物技术领域部署一批前沿技术。2007年国家发改委公布的《生物产业发展"十一五"规划》中明确提出要将生物医药产业作为国民经济战略性产业予以重点发展，并在组织领导、产业技术创新体系等各方面制定了政策措施，这些措施对于海洋生物医药业的发展具有重大意义。同年，国家发改委发布的《高技术产业发展"十一五"规划》中，把海洋产业列为八大重点产业之一，明确提出要重点培育海洋生物医药业，积极推动了海洋生物医药业的发展。2009年，国家制定《促进生物产业加快发展的若干政策》用以加快把生物产业培育成为高技术领域的支柱产业和国家的战略性新兴产业。该文件指出，现代生物产业发展的重点领域包括生物医药、生物农业、生物能源、生物制造和生物环保领域，它虽不是海洋生物医药的专门性文件，但其中关于技术、人才、财税、融资等方面的政策对海洋生物医药也同样适用，对海洋生物医药业的发展起到了积极的推动作用。

2. 海水淡化与综合利用业政策

我国政府已经充分认识到了政策支持对海水淡化与综合利用的重要性和必要性，在宏观政策上十分支持海水淡化产业的发展。《中国海洋21世纪议程》已将海水直接利用和海水淡化作为重要产业对待，国家制定了鼓励海水淡化的宏观政策，已列入"十五计划纲要"和《当前国家重点鼓励发展的产业、产品和技术目录》、《当前优先发展的高新技术产业化重点领

① 《全国海洋经济发展规划纲要》，国发〔2003〕13号。

域指南》等，并组织国债资金支持海水淡化的科技攻关和示范项目。2003年5月，国务院颁布实施的《全国海洋经济发展规划纲要》已将海水淡化与综合利用列为未来重点发展的新兴产业之一，明确指出要在突破海水淡化与综合利用技术的基础上，注重加大海水综合利用的规模，突出未来海水利用的主体地位，积极降低成本，在扩大年利用量的基础上，积极建设相关的示范基地和示范城市。①

　　2005年8月，国家发展改革委、国家海洋局和财政部联合颁布实施了我国首部《海水利用专项规划》，为我国海水利用产业发展提供了良好的契机。该规划将海水利用纳入水资源大框架内，标志着我国海水利用事业步入了一个新的发展阶段。规划分为以下六个部分：我国海水利用现状，海水利用面临的形势，海水利用的指导思想、原则和目标，发展重点、区域布局和重点工程，投资分析与环境影响评价，保障措施。涉及的海水利用包括海水淡化、海水直接利用、海水化学资源利用及相关产业的发展，重点是海水淡化和海水直接利用；涉及区域包括全国沿海地区（本规划未含我国香港、澳门和台湾地区）。《海水利用专项规划》是我国中长期水资源节约和替代规划的重要组成部分，也是我国海水利用工作的指导性文件和海水利用项目建设的依据。② 同时，海水淡化和综合利用明确被列入《国民经济和社会发展"十一五"规划纲要》、《中华人民共和国循环经济促进法》、《国务院关于加快发展循环经济的若干意见》、《国务院关于印发节能减排综合性工作方案的通知》等多项国家规划和政府文件中。2006年，科技部以增强自主创新能力为核心，组织实施了"十一五"国家科技支撑计划重大项目——"海水淡化与综合利用成套技术研究和示范"项目，以推动中国海水利用技术的规模增大和整体效益的充分发挥，积极促进中国海水利用的技术创新。

　　在《海水利用专项规划》基础上，为推动我国海水淡化和利用工作，加速海洋标准化工作的进程，国家标准化管理委员会、国家发展和改革委员会、科技部、国家海洋局组织专家编制了《海水利用标准发展计划》。该计划在分析我国海水利用发展现状和趋势的基础上，明确了海水利用标准化工作的指导思想、基本原则和主要目标，提出了2006~2010年重点标准

---

① 《全国海洋经济发展规划纲要》，国发［2003］13号。
② 《海水利用专项规划》，发改环资［2005］1561号。

制修订项目 25 项（其中国家标准 7 项、行业标准 18 项）、2010~2015 年完成 44 项标准制修订的工作目标，涉及海水淡化、海水冷却、海水化学资源提取、大生活用海水和海水综合利用等方面，到 2015 年底，建立健全重点突出、结构合理、科学适用的海水利用标准体系。海水利用标准化工作是海水利用产业化发展的重要技术支撑，是贯彻落实科学发展观、转变经济增长方式的客观要求，对于我国沿海地区人民生活水平的提高、保持经济持续快速平稳发展具有重要意义。[①]

3. 海洋可再生能源业政策

目前，我国尚无专门的海洋可再生能源法，可再生能源的法律法规成为海洋可再生能源业的政策依据。近几年，我国政府提出了几个专门跟海洋可再生能源有关的法律或规划文件：《中华人民共和国可再生能源法》、《中华人民共和国节约能源法》和《可再生能源中长期发展规划》等。

根据"十一五"规划中明确提出的"加快发展风能、太阳能、生物质能等可再生能源，建设资源节约型、环境友好型社会"的要求，2005 年 2 月颁布的《中华人民共和国可再生能源法》将海洋能与风能等非化石能源一起列入其中。《中华人民共和国可再生能源法》的颁布与实施使我国海洋可再生能源的研究与开发工作有法可依。《中华人民共和国可再生能源法》将可再生能源的开发利用列为能源发展的优先领域，通过制定可再生能源开发利用总量目标和采取相应措施，将推动可再生能源市场的建立和发展。《中华人民共和国可再生能源法》中相关条款明确了："国家扶持在电网未覆盖的地区建设可再生能源独立电力系统，为当地生产和生活提供电力服务"；"国家财政设立可再生能源发展专项资金，用于支持偏远地区和海岛可再生能源独立电力系统建设"；"国家对列入可再生能源产业发展指导目录的项目给予税收优惠"。2005 年 6 月 27 日，国务院在《关于做好建设节约型社会近期重点工作的通知》（国发〔2005〕21 号）中又明确提出："在东部沿海地区和有居民的海岛大力推进海洋可再生能源开发利用，研究制定可再生能源配额、价格管理等配套规章和实施措施。"[②]《中华人民共和国节约能源法》旨在调整和控制能源的消耗，它支持科学技术进一步发展，

---

① 《海水利用标准发展计划》，国标委工交联〔2006〕8 号。
② 熊焰、王海峰、崔琳、王鑫、苏新胜：《我国海洋可再生能源开发利用发展思路研究》，《海洋技术》2009 年第 3 期。

同时要求新产品的能源消耗比以往要少。例如，降低汽车石油的消耗率、减少电视电能的消耗率、让电炉有自动调整能力等，这些要求客观上促进了对低碳环保的海洋可再生能源的开发利用。《可再生能源中长期发展规划》明确了可再生能源发展的战略地位，指出可再生能源的发展必须因地制宜、多能互补，在重点发展领域中更是明确指出要积极推进海洋能的开发利用，并提出了到 2020 年建成 100 兆瓦潮汐电站的目标。

为进一步规范可再生能源的发展，国家发改委还先后出台了《可再生能源发电价格和费用分摊管理试行办法》、《可再生能源发展专项资金管理暂行办法》、《可再生能源电价附加收入调配暂行办法》等一系列配套办法。2009 年 12 月 26 日通过的《可再生能源法修正案》，在可再生能源发电全额保障性收购制度、中长期总量目标实现相关规划、可再生能源专项基金等方面较原来有所突破。这些配套办法在海洋可再生能源的实施细则上也起到了指向性作用。为规范海上风电项目开发建设管理，由国家能源局和国家海洋局联合发布了《海上风电开发建设管理暂行办法》（国能新能〔2010〕29 号）。该办法就海上风电发展规划、项目授予、项目核准、海域使用和海洋环境保护、施工竣工验收、运行信息管理等方面做出了详细规定，为促进海上风电有序开发、规范建设和持续发展提供了政策导向。2010 年 6 月 1日，财政部、国家海洋局共同出台《海洋可再生能源专项资金管理暂行办法》，重点支持以解决海岛供电问题为重点的海洋可再生能源技术研究及产业化示范项目。该办法规定了专项资金的重点支持范围、申请专项资金的项目必须符合的条件和技术要求以及相应的申报及审批、监督管理工作。作为针对推动海洋可再生能源开发利用专项支持政策，该办法一定程度上弥补了我国缺少海洋可再生能源相关政策措施的空白，加强了政府在海洋能开发利用领域的引导和推动作用，对于相关政策及公益性服务体系的建立健全起到了积极的推动作用。

4. 海洋装备业及深海产业政策

海洋装备的技术水平和规模是衡量一个国家综合实力和现代化程度的重要标志之一。迄今为止，我国尚无专门的海洋装备业政策，但已出台的《装备制造业产业调整和振兴规划》和《船舶工业与调整振兴规划》对海洋装备业的发展具有积极的指导意义。

2009 年，我国公布的《装备制造业产业调整和振兴规划》中，明确指出要推进石化装备自主化。该规划就装备制造业现状及面临的形势、指导思想、基本原则和目标、产业调整和振兴的主要任务以及政策措施和规划实施做出了相关规定，尽管该规划没有明确指出海洋装备业的具体发展路径，但从宏观角度为海洋装备业的发展指明了方向。另外，《船舶工业与调整振兴规划》把发展海洋工程装备作为规划的主要任务之一，指出发展海洋工程装备要以"通过加快自主创新，开发高技术高附加值船舶，发展海洋工程装备，培育新的经济增长点，为建设造船强国和实施海洋战略奠定坚实基础"为指导思想，且遵循"加快自主创新，发展海洋工程装备。加大技术改造力度，加强关键技术和新产品研究开发，提高船用配套设备水平，发展海洋工程装备，提高国际竞争力"的原则。在产业调整和振兴的主要任务中更是明确指出发展海洋工程装备，具体措施是"支持造船企业研究开发新型自升式钻井平台、深水半潜式钻井平台和生产平台、浮式生产储卸装置、海洋工程作业船及大型模块、综合性一体化组块等海洋工程装备，鼓励研究开发海洋工程动力及传动系统、单点系泊系统、动力定位系统、深潜水装备、甲板机械、油污水处理及海水淡化等海洋工程关键系统和配套设备"。[1] 根据船舶工业调整和振兴规划的战略部署，在开展"十二五"规划的研究中，还将继续加强对海洋工程装备研发设计技术、项目管理技术以及建造技术的支持和引导。

1990 年国务院决策设立国家大洋专项以来，按照"持续开展深海勘查、大力发展深海技术、适时建立深海产业"的工作方针，我国在国际海底区域资源勘查与技术发展方面取得了积极进展，为我国全面走向国际海域奠定了坚实的基础。为全面推动深海产业高新技术发展，科技部制定了《国家深海高新技术发展专项规划》，提出了未来 10 年深海产业高新技术的发展重点，明确了至 2020 年的总体目标、具体目标和全面部署方案。然而，目前还没有关于深海产业的相关配套政策。我国应从政策引导的角度出发，制定产业政策，发展深海工程产业，将中国建成未来世界深海技术产业的中心。从目前形势看，处于发展期的我国深海石油勘探开发，任重而道远。

---

① 《船舶工业与调整振兴规划》，新华网，2009 年 6 月 9 日。

第二节 我国战略性海洋新兴产业发展政策分析

为更好地认识我国战略性海洋新兴产业的现有发展政策，有的放矢地改进和完善政策体系，需要把握我国战略性海洋新兴产业的现有发展政策的特点、分析存在的缺失，进而根据国内外形势展望其政策需求，更好地构建我国战略性海洋新兴产业发展政策。

一、我国战略性海洋新兴产业发展政策的特点

1. 战略重要性日益凸显

作为当今国际社会共同关注的热点，海洋经济已成为世界经济增长的新领域，战略性海洋新兴产业的提出作为大力推行海洋强国战略的重要举措，其战略重要性在现在已有的战略性海洋新兴产业发展政策中日益凸显。首先，从指导战略及规划来看，《全国海洋经济发展规划纲要》、《国家"十一五"海洋科学和技术发展规划纲要》、《国家海洋事业发展规划纲要》、《全国科技兴海规划纲要（2008～2015年)》等一系列重要的方针政策都提出要发展海洋生物资源开发、海水利用、深海探测等领域以及相关支持的科技人才规划，《国家海洋局工程技术研究中心管理办法（试行)》更是明确旨在根据海洋高技术产业和战略性新兴产业发展的重大需求，增强海洋高技术产业和战略性新兴产业核心竞争能力，足以说明战略性海洋新兴产业在发展海洋经济中的战略地位。其次，从具体发展政策上说，海洋生物医药、海洋淡化与综合利用等产业也被视为战略性产业加以重点扶持。就海洋生物医药业而言，2007年国家发改委公布的《生物产业发展"十一五"规划》中明确提出要将生物医药产业作为国民经济战略性产业予以重点发展；国家发改委发布的《高技术产业发展"十一五"规划》中，把海洋产业列为八大重点产业之一，明确提出要重点培育海洋生物医药业，积极推动了海洋生物医药业的发展；2009年的《促进生物产业加快发展的若干政策》提出要加快把生物产业培育成为高技术领域的支柱产业和国家的战略性新兴产业。就海洋淡化与综合利用业而言，2003年国务院颁布实施的

《全国海洋经济发展规划纲要》已将海水淡化与综合利用列为未来重点发展的新兴产业之一，明确指出"要把海水利用作为战略性的持续产业加以培植"；《国民经济和社会发展"十一五"规划纲要》、《中华人民共和国循环经济促进法》、《国务院关于加快发展循环经济的若干意见》、《国务院关于印发节能减排综合性工作方案的通知》等多项国家规划和政府文件中都明确列入海水淡化和综合利用工作，加大了把发展海水利用作为战略性的接续产业加以培植的政策力度。总体而言，战略性海洋新兴产业发展政策的战略地位无论从宏观层面的国家总体海洋发展战略，还是从中观层面的战略性海洋新兴产业具体发展政策上均有所体现，有利于高屋建瓴地认识战略性海洋新兴产业发展的重要性，从而相应地采取促使其可持续发展的战略举措。

2. 政策体系不断完善

随着国家对战略性海洋新兴产业发展的不断重视，战略性海洋新兴产业的政策体系也日趋完善。从宏观层面的指导战略及规划到中观层面的具体产业发展政策及其配套专项政策，从产业的总体发展方向到具体产业各方面的政策支撑，都随着国家海洋经济发展的客观要求不断地充实加强。20世纪90年代，我国制定了《中国海洋21世纪议程》和《中国海洋事业的发展》白皮书，提出了中国海洋事业可持续发展战略在海洋事业发展中应遵循的基本政策和原则。在此基础上，《全国海洋经济发展规划纲要》、《国家"十一五"海洋科学和技术发展规划纲要》、《国家海洋事业发展规划纲要》、《全国科技兴海规划纲要（2008～2015年)》等一系列重要的方针政策对于战略性海洋新兴产业的发展都具有宏观指导意义。国家海洋局于2010年11月出台的《国家海洋局工程技术研究中心管理办法（试行）》，更是明确指出了战略性新兴产业的概念，对解决战略性海洋新兴产业的科技成果应用与推广中存在的问题大有裨益，有效地填补了战略性海洋新兴产业在政策执行规划方面的空白。在具体产业发展政策上，配套专项政策和实施办法也在不断完善。以海洋可再生能源政策为例，我国政府在提出了《中华人民共和国可再生能源法》、《中华人民共和国节约能源法》和《可再生能源中长期发展规划》等几个专门跟海洋可再生能源有关的法律或规划文件基础上，发布了《海上风电开发建设管理暂行办法》和《海洋可再生能源专项资金管理暂行办法》，其中《海洋可再生能源专项资金管理暂行办法》作为针对推动海洋可再生能源开发利用专项支持政策，一定程度上弥补了我国缺少海洋可再生能源相关政策措施的空白，加强了政府在海洋能开发利用领域的引导和推动作用，对于相关政策及公益性服务体系的建立健全起到了积极的推动作用。

3. 政策规定愈加具体细化

随着海洋经济的不断发展，战略性海洋新兴产业的发展政策规定也在不断跟随其发展步伐。《全国海洋经济发展规划纲要》作为我国制定的第一个指导全国海洋经济发展的宏伟蓝图和纲领性文件，指出"发挥比较优势，集中力量，力争在海洋生物资源开发、海洋油气及其他矿产资源勘探等领域有重大突破，为相关产业发展提供资源储备和保障"，主要措施是"要重点支持对海洋经济有重大带动作用的海洋生物、海洋油气勘探开发、海水利用、海洋监测、深海探测等技术的研究开发"。较之于《全国海洋经济发展规划纲要》，《国家海洋事业发展规划纲要》在海洋生物医药、海水淡化与综合利用、海洋可再生能源和深海领域都指出需要重点发展的关键技术，为战略性海洋新兴产业的技术储备指明了方向。《全国科技兴海规划纲要（2008～2015 年）》在指出海洋生物医药、海水淡化与综合利用、海洋可再生能源和深海领域关键技术体系具体内容的基础上，着重指出相应的技术转化与示范工程的内容，与战略性海洋新兴产业实践的紧密性更强，进一步显示出战略性海洋新兴产业对海洋科技发展的重要作用，有利于引导战略性海洋新兴产业实现跨域式发展。《国家海洋局工程技术研究中心管理办法（试行）》的重要意义在于通过市场机制使所形成的海洋技术成果实现技术转移和推广，推动建立海洋高技术产业联盟，真正起到海洋科研与海洋高技术产业或战略性新兴产业之间的桥梁和纽带作用。另外，在产业具体发展政策上，政策规定也随着产业发展的要求更为具体。以海水淡化与综合利用业为例，在《全国海洋经济发展规划纲要》将海水淡化与综合利用列为未来重点发展的新兴产业之一，海水淡化和综合利用明确被列入《国民经济和社会发展"十一五"规划纲要》、《中华人民共和国循环经济促进法》、《国务院关于加快发展循环经济的若干意见》、《国务院关于印发节能减排综合性工作方案的通知》等多项国家规划和政府文件中的基础上，为给海水利用产业发展提供更加良好的契机，我国颁布实施了首部《海水利用专项规划》，成为我国海水利用工作的指导性文件和海水利用项目建设的依据。在《海水利用专项规划》基础上，为推动我国海水淡化和利用工作，加速海洋标准化工作的进程，国家标准化管理委员会、国家发展和改革委员会、科技部、国家海洋局组织专家编制了《海水利用标准发展计划》。该计划在分析我国海水利用发展现状和趋势的基础上，明确了海水利用标准化工作的指导思想、基本原则和主要目标，为海水利用产业化发展提供了重要的技术支撑。海水淡化和综合利用政策规定的不断细化，对规范和有针对性地促进产业发展起到了积极的作用。

4. 注重加强海洋科技创新

发达国家战略性海洋新兴产业的进步关键在于依靠海洋高新技术支持，注重海洋科技的自主创新。我国的战略性海洋新兴产业的发展战略与计划都体现了国家对开发和利用"海洋技术"的重视，着力强调海洋科技创新的重要作用。《全国海洋经济发展规划纲要》指出，发展海洋经济的指导原则之一就是要坚持科技兴海，加强科技进步对海洋经济发展的带动作用，要"加快海洋科技创新体系建设，进一步优化海洋科技力量布局和科技资源配置。加强海洋资源勘探与利用关键技术的研究开发，培养海洋科学研究、海洋开发与管理、海洋产业发展所需要的各类人才，提高科技对海洋经济发展的贡献率"。《国家"十一五"海洋科学和技术发展规划纲要》从发挥科技对海洋事业发展的支撑和引领作用的角度出发，统筹考虑全国海洋科技力量和资源，全面规划和部署了"十一五"及今后一段时期全国海洋科技工作的发展方向和主要任务，指出要加大海洋科技投入，深化海洋科技体制改革，扩大海洋科技国际合作，始终贯彻了"科技兴海"的发展理念。《国家海洋事业发展规划纲要》和《全国科技兴海规划纲要（2008~2015年）》都强调要积极发展海洋生物技术、海水淡化与综合利用技术、海洋可再生能源技术以及海洋装备、深海产业等相关关键技术以及优先推动海洋关键技术集成和产业化、重点推进高新技术转化的示范工程。在具体产业发展政策方面，各项专门政策与配套法律法规的规定中无不着重强调各自领域海洋科技创新的重要性和紧迫性，强调构建具有自主知识产权的关键技术体系，以海洋科技的进步推动战略性海洋新兴产业的进步，以海洋科技的自主创新奠定战略性海洋新兴产业的跨越式发展根基。

二、我国战略性海洋新兴产业发展政策缺失分析

1. 缺乏理论基石，尚未形成专门的指导战略

政策用来指导人们的实践，必须建立在坚实的理论基础之上。海洋政

策的制定也需要依据正确的理论以及客观现实。① 我国现行的战略性海洋新兴产业发展是以国家海洋科技战略及规划为指导的，从理论上说自始至终贯穿了科技兴海的发展理念，充分显现了海洋科学技术对海洋事业发展的支撑作用，在一定程度上加快了支撑战略性海洋新兴产业的海洋高科技的进步。然而，虽然战略性海洋新兴产业以海洋科技为先导，但其发展需要依据自身的理论基础，需要可持续发展的理论根基，从而为解决战略性海洋新兴产业发展过程中的具体问题、实现不同阶段的跨越式发展找到理论依据。现在战略性海洋新兴产业发展还处于初级阶段，许多环节还处于建立和摸索阶段，这一时期找到理论基石更是发展的第一要务，以免出现部分已有海洋政策由于缺乏统一的认识论和方法论指导，在实践中表现出消极被动、"头痛医头、脚痛医脚"的"末端治理"状态，具体表现为制定中的被动性和随意性、政策的低层次性、政策的片面性等。②

现行的国家海洋事业发展政策以及海洋科技发展战略尽管对我国的战略性海洋新兴产业发展发挥了指导作用，但由于不是专门针对战略性海洋新兴产业的指导战略，因而在具体指导思想、发展思路、基本原则等方面缺乏明确的指向，大大削弱了战略性海洋新兴产业综合效益的发挥。在《全国海洋经济发展规划纲要》、《国家"十一五"海洋科学和技术发展规划纲要》、《国家海洋事业发展规划纲要》、《全国科技兴海规划纲要（2008～2015 年)》的相关内容中都涉及了将海洋生物医药、海水淡化与综合利用、海洋可再生能源、海洋装备以及深海产业等产业作为战略性产业加以扶植，也强调要积极发展海洋科技来积极推动这些产业的发展，但对遵循什么样的发展思路、采取何种发展方式以及把握哪些发展原则的具体指导意见并没有提及，使得在发展这些战略性海洋新兴产业的过程中存在着认识上的模糊和操作上的混乱，缺乏统一、规范的发展路径指引和发展方式的建议，造成了只认识其重要性、不知如何重点有效发展的尴尬局面，对于贯彻国家大力发展战略性海洋新兴产业、提高其对海洋经济的贡献率的方针形成了极大的阻碍。

2. 内容不完整，相关法律法规有待健全

《全国海洋经济发展规划纲要》、《国家"十一五"海洋科学和技术发展

---

① 张玉强、孙淑秋：《和谐社会视域下的我国海洋政策研究》，《中国海洋大学学报》（社会科学版）2008 年第 2 期。

② 王淼、贺义雄：《完善我国现行海洋政策的对策探讨》，《海洋开发与管理》2008 年第 5 期。

规划纲要》、《国家海洋事业发展规划纲要》、《全国科技兴海规划纲要
(2008～2015年)》中规定了一些与战略性海洋新兴产业有关的政策内容,
如要重点发展海洋生物医药、海水淡化与综合利用、海洋可再生能源、海
洋装备以及深海产业的前沿技术、积极推动关键技术的自主创新等,在
《全国科技兴海规划纲要 (2008～2015年)》中还强调了要积极推进海洋生
物医药、海水淡化与综合利用、海洋可再生能源、海洋装备以及深海产业
的产业化进程并列举了一些示范工程,但从根本上说,这些都只是战略性
海洋新兴产业发展政策的一部分,不能充分满足战略性海洋新兴产业发展
方方面面的需要。因此,在这些国家大政方针的指引下,迫切需要专门的
战略性海洋新兴产业专项规划措施出台,借以拟定战略性海洋新兴产业发
展方向、协调机制、技术规则、资金筹集、人才储备、成果转化等方方面
面的问题,为不断充实和完善战略性海洋新兴产业发展政策找到源头。

海洋生物医药、海水淡化与综合利用、海洋可再生能源、海洋装备以
及深海产业的政策中,大都以国家宏观的产业政策法规为指导,缺乏自身
独有的专项法律法规。例如,海洋生物医药业一直以生物医药产业的相关
规定作为政策依据,包括《生物产业发展"十一五"规划》、《促进生物产
业加快发展的若干政策》等法律依据和实施细则,且随着时代的发展和生
物医药与时俱进的要求在不断地制定相关政策来保障生物医药的发展。这
些政策虽囊括了海洋生物医药的内容,且随着海洋生物医药的发展壮大不
断扩充有关海洋生物医药的内容,但始终没有专门的法律法规来规范海洋
生物医药的发展。海水淡化与综合利用、海洋可再生能源、海洋装备以及
深海产业也同样受缺乏专项政策的掣肘,这与它们在海洋经济中的战略性
地位极不相称。另外,就战略性海洋新兴产业政策的相关配套规划和办法
来说,也存在着很大的不足。以海洋可再生能源为例,《海洋可再生能源专
项资金管理暂行办法》的出台和《海洋可再生能源发展专项规划》虽在一
定程度上弥补了海洋可再生能源发展政策的不足,但大都偏重于资源开发
利用和资金配置等环节,对于关系海洋可再生能源发展的如人才培养和引
进、国际合作与交流等促进其全面发展的其他方面配套政策却少有涉及,
这十分不利于全面推动战略性海洋新兴产业发展目标的实现。

3. 缺乏综合管理,协调性不强

从海洋系统的运行特征及其整体性上来说,对海洋进行开发管理和保
护,国家必须从战略、政策和法律制度层面统一协调,进行科学的综合管

理，建立一套清晰完整的国家海洋政策和有效的海洋开发、管理和保护的综合协调机制。[①] 然而目前，我国战略性海洋新兴产业的政策在《全国海洋经济发展规划纲要》、《国家"十一五"海洋科学和技术发展规划纲要》、《国家海洋事业发展规划纲要》、《全国科技兴海规划纲要（2008～2015年)》的指导下，以海洋生物医药、海水淡化与综合利用、海洋可再生能源、海洋装备以及深海产业的政策为依据，呈现出各自为政、自行发展的状况。虽然通过一系列的政策措施加速了各自产业的发展速度，取得了一定的效益，但就战略性海洋新兴产业整体而言并没有实现真正的高速、有序的发展，产业相互之间缺乏沟通和协调，使政策目标不能迅速、准确地传递和实施，大大限制了其经济效益、社会效益和生态效益的发挥，从长远看对战略性海洋新兴产业的可持续发展极为不利。

战略性海洋新兴产业是一个有机的整体，对它的发展要采取统筹兼顾、权衡得失的综合管理理念，在政策的制定和实施上也要以战略性海洋新兴产业的总体目标为基准，以整体效益最大化为依据来考量政策的有效性。要达到这种统筹平衡的发展，势必需要一个战略性海洋新兴产业的专门机构来统筹管理和协调规划。但由于海洋管理体制的制约，再加上我国战略性海洋新兴产业的发展时间尚短，目前还缺乏一个专门的管理和协调机构来统筹管理战略性海洋新兴产业的相关事宜、协调发展过程中出现的问题和矛盾，使得很多问题未被充分认识和及时解决，很多矛盾阻碍了战略性海洋新兴产业综合效益的发挥，相关的政策规定没有在产业间相互协调、运作平衡的基础上发挥出应有的效果。由于缺乏这种内部协调性，不仅没能促进战略性海洋新兴产业的快速发展，反而因为没有理顺相互关系、不能相得益彰的发挥政策作用而减缓了战略性海洋新兴产业的发展速度，为实现战略性海洋新兴产业的可持续发展设置了很大的障碍。

4. 系统性不强，尚未形成有机的政策体系

任何一项政策的制定都要满足一定的逻辑性，首先各层次政策之间要满足一定的逻辑关系，上一层级的政策指导下一层级的政策，下一层级的政策为上一层级的政策服务；其次同一层次政策之间联系紧密，共同为政策总目标服务。目前，我国战略性海洋新兴产业的政策主要是由两个层次构成：一是《全国海洋经济发展规划纲要》、《国家"十一五"海洋科学和

---

① 刘雪明：《政策制定的依据、程序与方法》，《江西食品工业》2000 年第 1 期。

技术发展规划纲要》、《国家海洋事业发展规划纲要》、《全国科技兴海规划纲要（2008～2015年）》中的用以指导战略性海洋新兴产业发展的内容；二是海洋生物医药、海水淡化与综合利用、海洋可再生能源、海洋装备以及深海产业的具体发展政策。从指导内容上看，各项方针政策是将战略性海洋新兴产业作为一个整体来予以规定的，包括积极发展相关技术、促进科研成果的产业化、推进相关示范工程等，而第二层次的政策则呈现出分散的特点，即分别讨论各产业的发展，不考虑相互间的协调与映衬作用，再加上各产业相关政策法规的不全面，导致整个战略性海洋新兴产业的政策系统性不强，呈松散之势。

目前战略性海洋新兴产业的政策多为专项性的行业法规，至今尚未形成完整有机的战略性海洋新兴产业政策体系。虽然我国先后颁布实施了《全国海洋经济发展规划纲要》等具有海洋战略性质的文件，但从整体上看，已经制定和实施的某些规划或战略是国家宏观层面上的用来指导海洋事业发展全局的纲领性文件，其中涉及的战略性海洋新兴产业部分并不立体，只能称之为战略框架。至于海洋生物医药、海水淡化与综合利用、海洋可再生能源、海洋装备以及深海产业的具体发展政策，由于海洋环境复杂多样，各种资源相互关联，使得各个战略性海洋新兴产业的发展相互影响、相互依存。因此，各个战略性海洋新兴产业的具体政策不能协调产业之间的关系，难以促进战略性海洋新兴产业整体效益的发挥。同时，由于各个战略性海洋新兴产业的具体政策与指导战略之间的逻辑性不强，各政策间在目标、内容和效应上难免产生冲突，因此迄今没有形成完整有机的战略性海洋新兴产业政策体系。

三、我国战略性海洋新兴产业的政策需求

综观全球，各国综合国力的竞争愈加表现为科技实力的竞争，海洋经济强国之间的较量也突出体现在海洋高新技术的自主创新能力上。面临海洋科技大发展的全球机遇，以海洋高新技术为主要特征的战略性海洋新兴产业是参与国际竞争、促进海洋经济实现跨越式发展的重要武器。特别是面临"十二五"的战略机遇期，战略性海洋新兴产业更是以其海洋科技的高附加值成为促进海洋经济发展、提高海洋经济贡献率的重要力量。因此，发展战略性海洋新兴产业在当前以及以后的相当长时期内不仅必要而且迫

在眉睫。[①] 国际形势和国内的经济发展亟须我国在国家层面上统筹考虑战略性海洋新兴产业发展政策，亟须确定 21 世纪我国战略性海洋新兴产业发展重点和战略定位，明确其在 21 世纪国际海洋竞争中的定位。

　　根据目前面临的国内外形势以及现有的战略性海洋新兴产业政策的特点和缺失，建立一个层次分明、效力有别、科学合理而又运行有效的战略性海洋新兴产业体系势在必行。该体系需要囊括战略性海洋新兴产业的指导战略以及战略性海洋新兴产业的发展政策要点，在具体内容上要以我国战略性海洋新兴产业的指导思想、发展思路、基本原则来形成发展战略、明晰发展路径，要从技术、资金、人才等角度来探讨发展政策，以法律法规的建立健全、协调机制的建立、技术自主创新、科技成果转化、资金投入与投融资机制的建立、人才储备、加强国际合作等政策措施来规范和促进战略性海洋新兴产业的发展。同时，需要注意战略性海洋新兴产业的指导战略以及战略性海洋新兴产业的发展政策要点之间以及战略性海洋新兴产业的发展政策之间的逻辑关系，有机结合、互相促进，充分发挥科技兴海在发展海洋经济中的支撑和带动作用，以政策措施有力推动战略性海洋新兴产业的发展，从而促进我国海洋经济发展方式的转变。

第三节　本章小结

　　本章对我国战略性海洋新兴产业发展政策进行了分析，在梳理我国战略性海洋新兴产业发展政策的基础上，分析了我国战略性海洋新兴产业现有发展政策的特点、缺失和政策需求，为我国战略性海洋新兴产业发展政策的研究做好铺垫。

　　首先，梳理我国战略性海洋新兴产业现有发展政策。目前我国战略性海洋新兴产业的政策主要是由两个层次构成：一是《全国海洋经济发展规划纲要》、《国家"十一五"海洋科学和技术发展规划纲要》、《国家海洋事业发展规划纲要》、《全国科技兴海规划纲要（2008～2015 年）》中的用以

---

①《实施科技兴海战略　大力发展海洋经济——就落实科技兴海工作访国家海洋局海洋科学技术司司长周庆海》，《中国海洋报》2010 年 12 月 3 日。

指导战略性海洋新兴产业发展的内容；二是海洋生物医药、海水淡化与综合利用、海洋可再生能源、海洋装备以及深海产业的具体发展政策。由于我国目前还没有战略性海洋新兴产业的专属发展战略，因而指导战略性海洋新兴产业发展的是《全国海洋经济发展规划纲要》等纲要文件中的相关内容，涉及技术创新、成果转化与示范工程等，旨在突出海洋科技对战略性海洋新兴产业发展的引领和支撑作用。在战略性海洋新兴产业具体发展政策中，着重梳理海洋生物医药、海水淡化与综合利用、海洋可再生能源、海洋装备以及深海产业的相关政策法规及配套办法。

其次，分析我国战略性海洋新兴产业现有发展政策的特点、缺失和政策需求。我国战略性海洋新兴产业现有发展政策具有战略重要性日益凸显、政策体系不断完善、政策规定愈加具体细化以及注重加强海洋科技创新的特点，目前存在缺乏理论基石、尚未形成专门的指导战略，内容不完整、相关法律法规有待健全，缺乏综合管理、协调性不强，系统性不强、尚未形成有机的政策体系等缺失，根据目前面临的国内外形势以及现有战略性海洋新兴产业政策的特点和缺失，建立一个层次分明、效力有别、科学合理而又运行有效的战略性海洋新兴产业体系势在必行。

第六章　我国战略性海洋新兴产业发展政策的构建

在 21 世纪的"后危机时代",各海洋经济强国纷纷重视海洋科技的研究与开发,希望通过海洋科技的自主创新来抢占国际海洋竞争的制高点。以海洋高新技术为主要特征的战略性海洋新兴产业自然成为各国争相发展海洋经济的重点。为应对日趋激烈的国际竞争,实现建设海洋强国的目标,应在科学发展观的指导下,以海洋科技的自主创新为切入点,以基于生态系统的海洋综合管理为发展理念,制定我国战略性海洋新兴产业发展政策,积极推动海洋经济在"十二五"期间实现跨越式发展,进而带动海洋经济发展方式的转变。

第一节　我国战略性海洋新兴产业发展战略

战略性海洋新兴产业发展战略是对战略性海洋新兴产业发展的总体运筹和时空安排,它体现出海洋行政管理部门对战略性海洋新兴产业发展的宏观调控,同时也体现出战略性海洋新兴产业在一定时期内的发展方向。因此,需要从指导思想、发展思路、基本原则、重点任务等方面来统筹考虑,根据国家下一阶段面临的发展任务和战略目标来制定战略性海洋新兴产业发展战略。

一、指导思想

面对国际海洋经济大发展和我国海洋事业大繁荣的重大机遇,我国战

我国战略性海洋新兴产业发展政策研究

略性海洋新兴产业发展要站在 21 世纪大发展的战略高度，以科学发展观为指导，统筹考虑经济社会和科技的全面、协调和可持续发展，紧密围绕国家经济社会发展和海洋权益对战略性海洋新兴产业的需求，把基于生态系统的海洋综合管理作为贯穿战略性海洋新兴产业发展始终的理念，继续深入贯彻"科技兴海"战略方针，积极提升战略性海洋新兴产业的海洋科技自主创新能力，使其成为加快海洋产业结构调整和海洋经济增长方式转变的重要推动力，将发展战略性海洋新兴产业作为全面建设小康社会和实现民族复兴大业的一项重要历史使命来完成，取得经济、社会、生态多位一体的综合效益，促进我国海洋经济的可持续发展和建设海洋强国战略目标的实现。

二、发展思路

以科学发展观为指导，以建设资源节约型、环境友好型社会为目标，以《全国科技兴海规划纲要（2008～2015 年）》、《国家海洋事业发展规划纲要》为依据，把发展战略性海洋新兴产业作为全面建设小康社会和实现海洋可持续发展的重大战略举措。要以开发海洋高新技术为核心，从注重单项海洋技术的研究开发，向加强以重大战略性产品和推动海洋新兴产业为中心的集成创新转变，在此基础上实现关键技术的突破和集成创新，真正执行"科技兴海"方针，实现海洋产业的合理调整和海洋经济的战略性转移。注重海洋科技向服务海洋开发、统筹经济社会协调发展和国家安全转变，突出科学和技术对经济社会发展的支撑和引领作用。[①] 以科技自主创新为重点，发挥海洋产业基础优势，挖掘环境资源优势，打造科技创新优势，争创先行领军优势，逐步推动我国战略性海洋新兴产业技术成果的产业化，阶段性地实现通过强化科技创新和示范试验使我国战略性海洋新兴产业总体上接近世界先进水平、显著提高对海洋经济的科技贡献率的近期目标，以及关键技术和装备有重大的突破、国内已成熟的技术实现规模生产和应用、形成具有世界先进水平的技术创新体系、推进海洋经济发展方式转变、促进海洋经济又好又快发展的中长期目标。

---

① 于宜法、王殿昌：《中国海洋事业发展政策研究》，中国海洋大学出版社 2008 年版。

三、基本原则

1. 坚持为海洋经济发展和国家战略实施服务的原则

发展战略性海洋新兴产业要促进海洋经济的发展，而海洋经济发展要服务于国家发展战略。根据中共十七届五中全会通过的"十二五"规划建议中"加快转变经济发展方式"的战略决策，发展战略性海洋新兴产业要以推动调整产业结构、转变经济发展方式为己任，综合开发利用海洋资源，发展海洋产业中具有战略意义的新兴产业，促进产业间的协调发展，改变传统的粗放型发展模式，提高海洋的综合开发利用效益。通过推动海洋经济的跨越式发展来振兴我国的海洋事业，为"十二五"经济发展战略服务，更为全面建设小康社会和中华民族的伟大复兴的国家发展战略目标服务。

2. 坚持海洋科技支撑与引领的原则

科学技术是海洋事业和海洋经济发展的第一推动力。在以海洋高新技术为主要特征的战略性海洋新兴产业发展中，要始终坚持科技先行，发挥海洋科技的支撑与引领作用。提高海洋科技的自主创新能力，完善海洋科技创新体系，优化海洋科技资源配置，整合海洋科技资源，扩大海洋科技人才队伍，不断提高海洋科技的支撑能力。同时，注意搭建海洋科技产业化服务平台，提高海洋科技贡献率与成果转化率，促进海洋产业结构升级。

3. 坚持以生态系统为基础的海洋综合管理原则

目前，国际海洋政策的趋势是加强以生态系统为基础的海洋综合管理，这是符合可持续发展要求的海洋管理新模式。要以生态系统的理念统筹考虑自然生态系统和社会经济系统的相互关系，协调产业发展过程中出现的诸多问题和矛盾，确保战略性海洋新兴产业协调发展。同时，着眼于战略性海洋新兴产业的整体利益，改革海洋行政管理模式，建立综合行政管理制度，处理好部门间、地方间、部门与地方间的权益纷争，保证战略性海洋新兴产业发挥出最佳效益。

4. 坚持可持续发展的原则

发展海洋事业要始终坚持可持续发展的原则，发展战略性海洋新兴产业更要利用自身低碳环保的优势妥善处理好海洋开发活动与资源生态环境保护的关系，遏制沿海区域海洋生态环境恶化的势头，更好地承担防止海洋资源破坏和环境退化的责任和义务，保持海洋生态环境平衡，着力推进海洋经济发展方式的转变。通过海洋资源的可持续利用促进海洋经济和社会可持续发展，为世界海洋的可持续利用做出贡献。

5. 坚持积极参与国际合作的原则

海洋经济的发展愈加呈现出国际化的趋势，发展战略性海洋新兴产业要顺势而为，积极参与世界战略性海洋新兴产业的国际合作。本着互利共赢的原则，在技术研发、设备使用以及人才交流等方面建立国际双边和多边合作机制，实现在战略性海洋新兴产业各个领域的国际合作，尤其是积极参与国际海底和深海国际竞争，维护我国在全球的海洋利益，提升在国际海洋领域的地位。

四、重点任务

在国家"十二五"发展的重要战略机遇期，坚持"重大国家需求与科学发展前沿相结合、基础理论研究与技术能力建设相结合、前瞻布局与科学可行相结合"的原则，按照"十二五"规划建议中"加快转变经济发展方式"的战略决策来规划我国战略性海洋新兴产业的重点任务。具体包括以下内容：坚持把科技进步和增强自主创新能力作为加快转变海洋经济发展方式的中心环节，通过重视基础研究、加强技术开发、更新技术装备、加快科技成果转化、强化知识产权保护、促进国际合作与交流来推动海洋生物医药业、海水淡化与综合利用业、海洋可再生能源业、海洋装备业以及深海产业关键技术与核心技术的自主创新；通过加大政府投入、建立多层次的资本市场体系、完善银行间接融资体系、吸引外资参与等方式建立战略性海洋新兴产业多元化融资渠道；通过建构人才培养体系、加大人才引进力度、建立人才激励机制、优化人才结构来实施战略性海洋新兴产业人才战略；通过完善战略性海洋新兴产业的制度环境，建立健全战略性海洋新兴产业的法律法规来营造战略性海洋新兴产业的政策环境。

第二节　我国战略性海洋新兴产业具体发展政策

在制定战略性海洋新兴产业发展战略的基础上，基于对战略性海洋新兴产业发展现状以及现有政策的分析，借鉴海洋经济发达国家在战略性海洋新兴产业发展政策的成功经验，遵循科学发展观的指导，从法律法规与制度环境、技术、资金、人才的不同角度入手来构建战略性海洋新兴产业的发展政策，推动我国战略性海洋新兴产业实现跨越式发展。

一、我国战略性海洋新兴产业法律法规与制度环境政策

我国战略性海洋新兴产业发展战略作为指导方针，为战略性海洋新兴产业发展指明了方向。战略性海洋新兴产业的规范、有序发展，必须有一定的法律法规和制度环境政策作为保障。要通过进一步完善战略性海洋新兴产业发展的制度环境，建立健全战略性海洋新兴产业发展的法律法规，让市场机制发挥资源配置的基础性作用，顺利实现战略性海洋新兴产业发展的目标。

1. 进一步完善战略性海洋新兴产业发展的制度环境

（1）实施以生态系统为基础的战略性海洋新兴产业综合管理。基于生态系统的管理理念由来已久，随着世界资源环境压力的进一步增大，生态系统的理念逐步彰显出极大的适应性和优越性。在海洋管理领域，众多海洋强国也将管理的方式转向了基于生态系统的海洋综合管理。进入 21 世纪以来，世界各国在实施海洋管理、发展海洋经济时更加注重构建经济社会环境的复合发展系统，统筹海洋管理涉及所有部分之间的关系，其中以美国的海洋政策最为明显。① 以生态系统为基础的海洋管理升级了传统意义上以行政边界为依据的海洋管理模式，取得了经济、社会、环境多位一体的综合效益，成为各国争相采用的海洋管理方法，一定程度上昭示了未来海洋管理的大趋势。

由于沿海各国基本政治制度不同，海洋管理也有不同模式。我国海洋管理体制是在陆地管理基础上自发形成的，由交通、渔政、环保、海事、边防、海关等多个行政部门构成。受海洋管理体制的束缚，我国海洋经济的发展长期以来也颇受"政出多门、令出多头"的困扰，战略性海洋新兴产业由于分属不同领域也存在多头管理的问题，致使对产业内事务的管理重复交叉，出现相互掣肘的现象，严重影响了战略性海洋新兴产业综合效

---

① 李巧稚：《国外海洋政策发展趋势及对我国的启示》，《海洋开发与管理》2008 年第 12 期。

益的发挥。为了顺应国际发展趋势，改变长期以来依据行政边界而非生态系统的管理模式，我国在秉承以生态系统为基础的海洋综合管理理念的前提下，应围绕战略性海洋新兴产业相关生态系统组成部分之间的关系，理顺国家海洋局所属分局与地方海洋部门的关系，促使所有涉及战略性海洋新兴产业的部门尽职尽责、严格执行各种法律法规和行政条例，在相互协同和配合的基础上发挥战略性海洋新兴产业的整体效益。

（2）形成战略性海洋新兴产业发展的协调机制。美国《21 世纪海洋蓝图》指出，要实现基于生态系统的海洋管理，需要建立新的国家海洋政策决策机制，包括加强对联邦海洋事务的领导和协调，强化联邦海洋事务管理机构，建立国家、州和其他当地利益相关实体的协调机制。[1] 秉承这种思路，实施以生态系统为基础的战略性海洋新兴产业综合管理就需要建立相应的协调机制，统筹管理战略性海洋新兴产业的相关事宜，确保战略性海洋新兴产业快速协调发展。

1）全国科技兴海领导小组。《全国科技兴海规划纲要（2008～2015年)》实施后，为进一步贯彻科技兴海的战略方针，加强国家对科技兴海工作的有力领导，通过整合相关资源在国家层面上成立了全国科技兴海领导小组。该小组积极引导海洋科技成果的快速转化，不断增强海洋科技的自主创新能力，使海洋产业的核心竞争力进一步增强，以海洋科技的进步引领海洋经济的增长方式。在重大项目和专项资金的支撑下，着力于推进海洋科技产业化核心技术的研发与示范，进一步拓展海洋高新技术的应用和海洋高科技成果的实施推广。此外，为使科技兴海的效果得到充分发挥，在全国科技兴海领导小组的带领下，结合地方科技兴海规划和各地区海洋科技发展水平的现状，成立地方科技兴海机构，配合全国科技兴海领导小组展开工作，积极利用各地的海洋资源禀赋，将科技兴海的方针落到实处。

全国科技兴海领导小组的建立在一定程度上使国家海洋科技发展的重心向战略性海洋新兴产业倾斜，对于海洋生物医药业、海水淡化与综合利用、海洋可再生能源业、海洋装备业及深海产业的技术研发与成果转化给予了充分的资金支持和应用推广导向。由于战略性海洋新兴产业是以海洋高新技术为首要特征的海洋新兴产业，是为贯彻科技兴海规划实施的重要

① 姜旭朝、王静：《美日欧最新海洋经济政策动向及其对中国的启示》，《中国渔业经济》2009 年第 2 期。

战略举措，因而尽管全国科技兴海领导小组并非是专门管理针对战略性海洋新兴产业的协调机构，但对于战略性海洋新兴产业发展所需的海洋科技事宜起到了统筹指导的作用。

2）专门的管理与协调机构。美国、英国等海洋经济发达国家成立"海洋联盟"或"海洋科学技术协调委员会"等专门机构来管理和协调战略性海洋新兴产业的相关事宜，其主要职责包括提高公众对海洋及沿海资源经济价值的认识，加强国内技术产品的开发，密切产业界、科研机构和大学的伙伴关系，组织有关海洋资源开发的重大经济项目和环境项目研究，协调产业发展过程中的内部矛盾等。这些机构的成立对各国战略性海洋新兴产业的统筹协调发展起到了至关重要的作用。我国应当借鉴它们的成功经验，建立一个相对完善的战略性海洋新兴产业协调体系，从中央和地方两个层面保障战略性海洋新兴产业的有序协调发展。

首先，在国家层面上，建立国家海洋局领导下的战略性海洋新兴产业管理委员会，主要负责统筹考虑和统一部署涉及国家战略性海洋新兴产业的发展方向、滚动制订战略性海洋新兴产业发展规划等重大问题；统筹考虑战略性海洋新兴产业各部门的利益关系，协调战略性海洋新兴产业各部门的关系，确保战略性海洋新兴产业综合效益的发挥。具体来说，职责范围包括提高公众对战略性海洋新兴产业的认识，管理和调拨战略性海洋新兴产业所需资金，组织有关战略性海洋新兴产业的项目研究、评价、反馈，促进战略性海洋新兴产业技术研发与自主创新，密切产学研关系，搭建战略性海洋新兴产业成果转化平台以及协调战略性海洋新兴产业发展过程中的内部矛盾等。战略性海洋新兴产业管理委员会可吸纳具有丰富战略性海洋新兴产业管理委员会理论积淀与实践经验的专家、学者和行政人员作为主要成员，定期举行例会汇总一定时期内战略性海洋新兴产业发展情况并提出今后的发展意见，按时向国家海洋局汇报工作进展等。

其次，在地方层面上，沿海地区政府也应建立战略性海洋新兴产业管理委员会，整合该地区战略性海洋新兴产业的力量，形成相对集中的管理和统筹协调的机制。其主要职责包括按照国家战略性海洋新兴产业管理委员会的工作指示，制定地区战略性海洋新兴产业发展规划，安排好战略性海洋新兴产业相关的日常工作，合理配置战略性海洋新兴产业的各种资源，注意处理地区内产业发展过程中的矛盾，协调地区间战略性海洋新兴产业发展关系等。各地区战略性海洋新兴产业管理委员会既要尽职尽责地发展好本地区战略性海洋新兴产业，又应与其他地区战略性海洋新兴产业管理委员会协同和配合，从综合管理的大局出发保障战略性海洋新兴产业整体效益的发挥。同时，各地区战略性海洋新兴产业管理委员会要及时向国家战略性海洋新兴产业管理委员会汇报本地区战略性海洋新兴产业的发展情况，并积极建言献策，为不断完善战略性海洋新兴产业的发展方略提供实际依据。

在战略性海洋新兴产业的发展战略指引下，国家战略性海洋新兴产业管理委员会和地区战略性海洋新兴产业管理委员会在国家和地方两个层面管理和协调战略性海洋新兴产业的相关事宜，把行政管理、海洋科技、海洋服务、人才、资金等各项工作组合为一个有机的整体，统筹兼顾整体与部分、中央与地方、产业与部门的利益关系与运作环节，最大限度地保证我国战略性海洋新兴产业的健康快速发展。

2. 建立健全战略性海洋新兴产业发展的法律法规

（1）制定战略性海洋新兴产业发展专项规划。自从国务院下发《关于加快培育和发展战略性新兴产业的决定》之后，战略性新兴产业有关的政策法规就呼之欲出。国家发改委已经审议并原则通过了《战略性新兴产业发展"十二五"规划（框架）》，还要求加快推进具体领域的专项规划编制工作。《战略性新兴产业发展"十二五"规划（框架）》已成为各个领域战略性新兴产业政策密集出台的前奏，掀起各领域战略性新兴产业规划编制的热潮。作为海洋领域的战略性新兴产业，尽管国家先前已启动了战略性海洋新兴产业规划思路研究，国家海洋局也集中各方人士积极进行战略性海洋新兴产业的多方探讨，千方百计地给予战略性海洋新兴产业政策扶持与指导，但至今还没有战略性海洋新兴产业专项规划。

借由《战略性新兴产业发展"十二五"规划（框架）》审议并通过的良好时机，应加快战略性海洋新兴产业的规划编制工作，集中力量编制《战略性海洋新兴产业发展规划》和《战略性海洋新兴产业发展"十二五"规划》。《战略性海洋新兴产业发展规划》应着力于对加快培育战略性新兴产业进行总体部署，本着海洋新兴产业规划研究与现有的科技兴海规划等规划和战略研究相衔接的原则，在加强对战略性海洋新兴产业分析评估的基础上，确定战略性海洋新兴产业的范围和重点发展方向。此外，对战略性海洋新兴产业的产业基础、资源禀赋、外部条件、发展前景等进行综合的分析与预测，并带动海洋生物医药、海水淡化与综合利用、海洋装备、海洋可再生能源、深海产业等各个领域规划的制定。《战略性海洋新兴产业发展"十二五"规划》根据国家"十二五"规划的指导方针，尤其是针对发展海洋经济的方针，从调整海洋产业结构、转变海洋经济发展方式的角度出发，制定了符合"十二五"海洋经济发展特点的战略性海洋新兴产业发展规划。该规划较之于《战略性海洋新兴产业发展规划》应更具体，是《战略性海洋新兴产业发展规划》指导下的阶段性规划，旨在促进战略性海洋新兴产业在"十二五"期间实现跨越式发展。在具体内容设置上，除须具有《战略性海洋新兴产业发展规划》相应内容外，要设立产业发展的阶段性目标，考虑阶段性目标和长远目标的关系，掌控短期利益与长期利益的平衡，以便与《战略性海洋新兴产业发展规划》实现有效的衔接。

（2）建立健全战略性海洋新兴产业各个领域的法律法规。在战略性海洋新兴产业的发展过程中，应借鉴海洋经济发达国家战略性海洋新兴产业发展的成功经验，在宏观政策法规上，根据不同阶段的发展特点与时俱进地制定相应的战略决策，并不断纠正完善政策指导；在微观层面上，要积极制定各个领域的专项政策规划，并不断补充完善配套法规。

从世界范围来看，海洋经济发达国家战略性海洋新兴产业的发展优势很大程度上取决于其政策法规的建立健全。各国根据自身战略性海洋新兴产业的特点，制定国家层面发展政策和规划来确定战略性海洋新兴产业的发展方向和运作模式，有效地规范和促进了本国战略性海洋新兴产业的发展。如英国的《海洋能源行动计划》以及日本的《深海钻探计划》有效地引导和促进了英国海洋可再生能源产业和日本深海产业的发展。面对我国海洋生物医药、海洋装备、海洋可再生能源、深海产业等各个领域尚无专门政策规划的情况，应在各自领域的宏观政策指导下建立专门的法律法规来规范和促进其自身的发展。如海洋生物医药业应在《国家中长期科学和技术发展规划纲要（2006~2020年）》和《生物产业发展"十二五"规划》的指导下，结合《促进生物产业加快发展的若干政策》，制定海洋生物医药专项法来指导海洋生物医药业的发展。该专项法的意义不仅在于规范和促进海洋生物医药业的发展，更使其在解决发展过程中遇到的问题时有章可循，为实现可持续发展奠定政策基石。

另外，从一般法律体系的结构来看，除了有基本法律之外，还要有专门法规和配套措施，这样的结构体系才称得上层次分明，在实践中才更容易发挥出效力。在建立战略性海洋新兴产业各个领域的专项法律基础上，要积极完善相关配套法规，细化对具体环节的规定，不断满足产业与时俱进的发展需要。例如，我国已发布实施《海水利用专项规划》，国务院有关部门应加快研究制定相关财税激励政策，建立和完善海水利用标准体系、市场准入标准，积极开展试点示范，并对示范项目给予一定的资金支持。同时，随着海水淡化成本的不断降低，势必要通过合理调整水价及其结构，促进海水淡化水的生产和使用。因此，合理确定海水淡化水价格，制定相应的定价标准及用量政策显得迫在眉睫。再如，我国海洋可再生能源业除已颁布《海上风电开发建设管理暂行办法》和《海洋可再生能源专项资金管理暂行办法》以外，仍然需要潮汐能、温差能等资源开发利用的管理办法以及海洋可再生能源的技术、人才等政策条款来健全我国海洋可再生能源业的法律法规，以保证产业潜力的挖掘和综合效益的发挥。

二、我国战略性海洋新兴产业技术政策

战略性海洋新兴产业是以海洋科技的进步为发展动力的。随着海洋科技在海洋事业发展中所起的作用越来越突出，海洋科技对海洋经济的贡献率在逐步增长，海洋科技将引领战略性新兴海洋产业的发展方向，为海洋强国建设提供技术支撑。依据《国家中长期科学和技术发展规划纲要(2006~2020年)》对我国2006~2020年的科学技术发展做出的规划与部署，结合国家"自主创新、重点跨越、支撑发展、引领未来"的科技方针，以技术创新为主线，从基础和应用研究、技术研发与自主创新、技术装备、科技成果转化、知识产权保护以及国际合作等角度构建我国战略性海洋新兴产业的技术政策，借以推动战略性海洋新兴产业的可持续发展。

1. 重视基础研究和应用基础研究

基础研究是科技发展的源头和动力，是科技进步的持续驱动；应用基础研究和应用研究是科学技术转化为现实生产力的助推器。在国家大力发展海洋经济、注重海洋科技创新的政策指引下，加强基础研究和应用研究，不断挖掘海洋科技持续发展的潜力，对于海洋经济的跨越式发展发挥着极大的基础性作用。[①] 作为新形势下贯彻"科技兴海"的重要战略举措，战略

---

① 刘家沂：《"十一五"期间我国海洋科技发展的三个方面》，《中国海洋报》2006年8月29日第3版。

性海洋新兴产业的发展更要以科技基础和应用基础研究为前提。

战略性海洋新兴产业的基础和应用基础研究应围绕海洋生物医药、海水淡化与综合利用、海洋可再生能源、海洋装备以及深海产业等领域中的重大和前沿科技问题，不断突破相关基础理论和技术方法，逐步提高战略性海洋新兴产业的科技贡献率，为战略性海洋新兴产业逐步成为海洋经济发展的主导力量奠定坚实的基础。随着研究的手段和水平的不断提高，在海洋生物学、海洋生物工程技术、海洋药物与海洋化学、海洋地质学等战略性海洋新兴产业涉及的海洋科学的基础理论研究方面要有所深入，应在海洋生物技术、海水淡化与综合利用技术、海洋可再生能源开发技术、海洋装备研发技术、深海资源开发技术以及深海设施设计、研发技术等关键技术领域开展科技攻关和成果应用研究，为战略性海洋新兴产业的发展提供技术支持。在海洋生物医药领域，依托现有中药现代化的研究优势，集中力量对经中医临床实践证明确有疗效的海洋生物进行研究；加强对海洋微生物发酵技术及其代谢产物以及海洋药物基因工程的研究；加强海洋药物标准化以及海洋药物在重大疾病治疗方面的潜力研究。在海水淡化与综合利用领域，要积极开发海水利用工程技术，加强对海水淡化和化学元素提取技术的应用研究。另外，要注重海洋可再生能源技术应用研究以及海底勘测和深潜技术，深海金属矿产勘查开发技术的应用研究，为战略性海洋新兴产业的科技创新做好技术储备工作。

2. 加强技术研发与自主创新

（1）加大关键技术与核心技术的研究开发力度。技术开发是从科研到生产的中介和桥梁，是科技成果产业化过程中的中心环节，技术研发的成功与否直接影响技术创新的能力高低。对于随海洋科技的进步而发展的战略性海洋新兴产业来说，关键技术与核心技术的研究开发能力一定程度上决定了战略性海洋新兴产业的起点。因此，要积极加大对海洋生物医药、海洋淡化与综合利用、海洋可再生能源、海洋装备以及深海领域关键技术与核心技术的研究开发力度，为战略性海洋新兴产业的科技自主创新奠定良好的基础。

在海洋生物医药领域，要注重突破海洋生物代谢产物资源的开发和海洋生物基因资源的开发技术瓶颈，亟须解决海洋生态增养殖原理与新生产技术体系、海洋水产生产的生物安保、海洋生物资源精炼技术、海洋生物基因利用和海洋生物能源开发利用的研发问题。在海水淡化与综合利用方面，要重点开展大型海水淡化技术与产业化研发，创研可规模化应用的海水淡化装备和膜法低成本淡化技术及关键材料，聚焦海水直接利用和海水淡化技术，重点研发海水预处理技术、浓盐水综合利用技术、气态膜法浓海水提溴产业化技术、浓海水制取浆状氢氧化镁规模化生产技术、浓海水提取无氯钾肥产业化技术等，适时开展对海水稀有战略资源的提取利用技术研究。① 在海洋可再生能源方面，要加大除潮汐能发电技术以外的其他形式海洋能的应用技术研发。在海洋装备方面，鉴于对海洋（尤其是深海）工程装备所涉及的科学技术领域的研究深度还远不及陆上装备及船舶的科学技术的情况，需要及早突破共性关键技术，像深海浮式结构物环境载荷与动力响应、海洋装备波浪与航行性能综合优化科学与技术、新概念船舶与海洋浮体、船舶与海洋浮体的非线性动力学问题、船舶与海洋结构物安全性与风险分析、深海细长柔性结构动力响应与疲劳、深海装备的模型试验与现场测试方法等。与此同时，在海洋装备复杂机电系统的集成科学、深海空间站与潜水器前沿技术、深海装备的海上与水下安装技术、复杂环境下潜器布放回收与多体操控技术、水下探测与通信技术、深海装备维修力学与剩余强度评估、船舶与海洋平台的绿色轮机系统技术等方面，也应加大研发力度。② 另外，我国深海技术还处于起步阶段，而深海技术的发展会带动海洋资源开发、海底探测、海上信息处理等相关领域的发展。要加大对深水油气勘探、开采技术，天然气水合物调查和开采技术，热液硫化物调查、开采和利用以及热液活动检测技术，深海多金属结核和富钴结壳开采利用技术的研发，重点研究大深度水下运载技术、生命维持系统技术、高比能量动力装置技术、高保真采样和信息远程传输技术、深海作业装备制造技术和深海空间站技术，突破主要技术瓶颈。③

（2）增强科技自主创新能力。随着科学技术的日益进步，当今世界各国的竞争归根结底是科技的竞争。然而，科技的竞争不仅来源于当前科技的发达程度，更多地取决于科技的自主创新能力。我国历来注重科技的自主创新能力，2004 年中央经济工作会议和 2005 年中共中央政治局会议都把自主创新能力作为一项重要任务来抓，并将其作为"十一五"期间海洋经

① 中国科学院海洋领域战略研究组：《中国至 2050 年海洋科技发展路线图》，科学出版社 2009 年版。
② 吴有生：《抢占海洋装备技术制高点》，《中国船检》2010 年 4 月 2 日。
③ 周达军、崔旺来：《海洋公共政策研究》，海洋出版社 2009 年版。

济工作的重心。① 在《中共中央关于制定国民经济和社会发展第十二个五年规划的建议》中，更是强调增强自主创新能力，以科技的进步不断推进经济增长方式的转变。因此，要从发展战略性海洋新兴产业的角度出发，继续深入贯彻"科技兴海"战略方针，积极提升战略性海洋新兴产业的海洋科技自主创新能力，使其成为加快海洋产业结构调整和海洋经济增长方式转变的重要推动力，大力提高海洋科技原始创新、集成创新、引进消化吸收再创新能力。

增强海洋科技的自主创新能力，是在海洋领域贯彻《中共中央国务院关于实施科技规划纲要增强自主创新能力的决定》的积极举措，是"十二五"时期发展战略性海洋新兴产业的必然要求。要根据《全国科技兴海规划纲要（2008～2015年）》的指示精神，实现海洋科技的自主创新要优先推进海洋科技的集成创新，增强海洋生物医药技术开发、海水淡化与综合利用技术开发、海洋可再生能源、海洋装备与深海技术开发集成能力。依据战略性海洋新兴产业发展的需要，重点开展海洋生物技术集成，海水综合利用产业技术集成，开展潮汐能、波浪能、海流能、海洋风能区划及发电技术集成创新，形成具备深（远）海空间利用技术的集成等。以海水综合利用产业技术集成为例，水电联产、热膜联产等多种技术集成是主要发展趋势。水电联产主要是指海水淡化水和电力联产联供。目前将海水淡化工程与发电厂相结合，利用电厂余热回收淡水和进行后续卤水综合利用，正在成为国际关注的热点。海水淡化排出的浓海水，具有已提取上岸并进行了净化、浓缩了约2倍、全年的水温和排出量基本稳定等特点。将浓海水直接用于盐业的制卤生产，可使制卤周期缩短，节约土地资源。在此基础上，采用新技术分别提取浓海水中的溴素及镁、钾、钙盐，最终将浓海水的氯化钠资源转化为符合生产两碱（纯碱、烧碱）的液体盐。② 热膜联产主要是采用热法和膜法海水淡化相联合的方式，满足不同用水需求，降低海水淡化成本。热膜耦合海水淡化及多种海水淡化的技术组合和集成已显现出发展的生命力，具有清洁、廉价等优势，有望在海水淡化能源中得到进一步应用。技术的集成创新旨在综合利用多种技术提高资源的使用效率，达到

① 刘家沂：《"十一五"期间我国海洋科技发展的三个方面》，《中国海洋报》2006年8月29日第3版。
② 阮国岭、冯厚军：《国内外海水淡化技术的进展》，《中国给水排水》2008年第20期。

多维的收益，在降低了成本的同时保护了生态环境，符合低碳经济的发展理念，具有很强的适用性和可行性。在战略性海洋新兴产业的发展中，增强以技术集成创新为主的自主创新能力，对于发挥其社会效益、经济效益和生态效益大有裨益。

3. 注重技术装备的升级换代

战略性海洋新兴产业的发展对技术装备有很高的要求。尽管近年来海洋科技水平有了一定程度的提高，但主要的海洋技术装备依赖进口的局面没有得到根本性的改变。战略性海洋新兴产业技术装备远落后于发达国家，在深海资源勘探和环境观测方面表现尤为突出，大大削弱了战略性海洋新兴产业技术创新的物质支撑。为更好地进行战略性海洋新兴产业的科技创新，必须尽快更新换代技术装备，以先进的技术装备为战略性海洋新兴产业的科技进步提供坚实的物质保障。

战略性海洋新兴产业技术装备升级换代主要集中在海水淡化、海洋能利用以及海洋矿产资源勘探开发工程装备方面。在海水淡化装备方面，围绕海水淡化产业带建设、大规模海水淡化工程实施、海水利用示范城市建设、船舶及海洋钻采平台建设，大力发展各类海水淡化装备。巩固发展中空纤维（UF）超滤膜组件、大型海水淡化、苦咸水淡化装置、反渗透海水淡化装置、膜分离及水处理装置等产品；发展低温多效蒸馏法海水淡化装备、膜法海水淡化关键装备、膜法海水淡化成套设备；研发高性能反渗透膜、能量回收装置、高压泵、高效蒸馏部件等海水淡化装备配套产品以及开发可规模化应用的海水淡化热能设备、海水淡化装备和多联体耦合关键设备。在海洋能利用装备方面，适应海洋可再生能源开发利用需求，重点大力发展潮汐能、波浪能、海流能、海洋风能发电装备。研发生产海上作业船、离网型风力发电机组、并网型风力发电机组等海上风电装备以及百万千瓦级波浪机组等装备；研发电缆、管系、叶片等海洋电力装备配套产品。在海洋矿产资源勘探开发工程装备方面，立足国家海洋石油与深海矿产资源勘探开发战略需要，加快研发深层和复杂矿体采矿设备、无废开采综合设备、高效自动化选冶大型设备、低品位与复杂难处理资源高效利用设备、矿产资源综合利用设备等；研发天然气水合物勘探开发设备、大洋金属矿产资源海底集输设备、现场高效提取设备等；研发异常环境条件下的传感器、传感器自动标定设备、海底信息传输设备等；研发生产有缆遥控水下机器人、无缆自治水下机器人、水下探测打捞深潜器、浅海管线电缆维修装置、海底管道内爬行器及检测系统等。①

4. 加快科技成果转化

技术创新的最终目的在于科技成果的商品化，而将科技成果转化为现实生产力的关键在于产学研的紧密结合。中共十七大报告明确提出要"加快建立以企业为主体、市场为导向、产学研相结合的技术创新体系"。"十二五"期间，进一步加大力度服务战略性海洋新兴产业的发展，将加快科技成果的转化作为建立技术创新体系的实施重点，在解决制约战略性海洋新兴产业发展壮大的关键性和紧迫性技术问题的基础上，促进海洋生物医药、海洋装备业等一批先进科研成果尽快转化应用，助推海洋产业结构调整。

（1）构筑科技成果转化的公共平台。要实现战略性海洋新兴产业科技成果的快速转化，首先要找到产学研结合的动力，即要取得产学研各主体目标和根本利益的一致。目标与利益的一致性需要构筑集信息交流、供求协调等于一体的公共服务平台，考虑多方利益，将战略性海洋新兴产业的产学研有机结合起来，通过互通有无、优势互补达到加速科技成果转化的目的。

首先，要搭建好便于产学研交流的信息网络平台。科技成果转化需要企业、科研院所与研发部门的沟通协作，信息畅通是加速科技成果转化的有效途径。要在海洋生物医药、海水淡化与综合利用、海洋可再生能源、海洋装备以及深海领域搭建各自的信息网络平台，定期汇集生产企业提供的技术攻关难题和市场需求信息，经加工整理后及时传递给有关科研院所，在科研院所的进一步研究后指导研发部门研发符合生产企业需要的产品；科研院所和研发部门也要定期向生产企业发布科技成果信息，以便企业结合市场需求选择可以尽快商品化的科技成果。利用计算机网络及其他现代化信息传输工具确保科技信息的传递及时、准确、高效，保持战略性海洋新兴产业的信息渠道畅通。其次，搭建企业之间和企业与高校、科研院所之间的供求关系平台。要加强技术经纪人队伍及各种中介服务机构的建设，为科技成果的供需双方提供可靠的中介服务，保证双方的有效合作和应有法律权益。特别是政府要加强对技术市场的宏观管理和指导，加大力度，

---

① 《关于促进海洋工程装备制造业加快发展的指导意见》，http：//www. sd. gov. cn/art/2010/3/25/art_956_3922. html.

组织协调人才、金融及各生产要素市场与技术市场的紧密结合。① 最后，要建立一个管理体制完善的、法律法规健全的技术服务平台。该技术平台一方面要实行开放服务，为行业提供海洋技术成果工程化试验与验证的环境及相关技术咨询服务，通过市场机制整合科研资源，使所形成的海洋技术成果实现技术转移和推广，推动建立海洋高技术联盟；另一方面要建立技术市场准入机制，建立技术项目评估规范的评审专家咨询队伍，避免伪劣技术进入市场，提高上市技术项目的水平，保障战略性海洋新兴产业科技成果转化的有效性。

（2）建立科技成果示范基地。作为战略性海洋新兴产业技术创新体系中的重要一环，科技成果的推广、扩散和渗透程度从一定程度上决定了转化率和转化速度。因此，建立以大学、科研机构为支撑，以企业为主体技术创新机制，使战略性海洋新兴产业科技成果的聚集和效应不断壮大的示范基地，是加速海洋高技术成果转化的重要战略措施。

在全国范围内，选择在海洋生物医药产业、海水淡化与综合利用业、海洋可再生能源业、海洋装备业以及深海产业发展中具有雄厚的基础研究能力的地区，以政府宏观规划和政策引导为导向，充分发挥市场配置资源基础性作用，按国际一流园区的标准，尽快构建我国国家海洋生物医药产业示范基地、海水淡化与综合利用业示范基地、海洋可再生能源业示范基地、海洋装备业基地以及深海基地，以此促进高层次人才、研发资金和高新技术向园区集聚，形成从基础研究、技术开发、产业化到规模化发展的战略性海洋新兴产业链体系和产业集群，形成以点带面的示范带动效应，以引领我国战略性海洋新兴产业的发展。目前，山东省总投资 7.5 亿元的国家级海洋生物产业化示范基地——贝尔特海洋生物产业园和贝尔特海洋生物研究院在山东烟台成立，成为我国技术最先进、产量最大的海洋生物制品与海洋原料药产业园区。② 另外，地处青岛的国家深海基地和国家海洋装备产业基地也已启用。国家深海基地项目具备深海勘探开发技术保障与信息服务、深海技术装备试验与维护、深海技术装备模拟培训、深海技术产业孵化以及深海海洋科学技术普及与宣传等功能。深海基地的建立可以充分整合国内现有资源，较好地解决目前一些重大深海技术装备由于缺乏统

---

① 唐曙光：《我国科技成果转化中的体制创新对策》，《湖南社会科学》2007 年第 2 期。

② 《中国海洋报》2010 年 10 月 19 日。

一管理而造成的使用效率低和闲置不用的问题；从长远来看，深海基地有利于凝聚各方力量，孵化深海产业的关键技术，推进深海技术的开发。国家海洋装备产业基地的建立能够承担国家级海洋装备研究、开发、产业化、海洋信息交流等方面的重大任务，大大提升海洋装备技术领域的研发水平和创新能力，缩短与发达国家在该领域的差距，改变我国海洋装备依赖进口的现状。战略性海洋新兴产业不同类型示范基地的建立，为海洋生物医药产业、海水淡化与综合利用业、海洋可再生能源业、海洋装备业以及深海产业的发展搭建海洋技术成果展示和交流的平台，促进转化推广及产品推介对接洽谈，在加快科技成果转化的同时，势必为我国蓝色经济的发展创造巨大的直接经济效益和社会效益。

（3）建设高技术产业园区。随着海洋经济的进一步发展，国内外纷纷创办高科技产业园来加速高新技术成果的转化。许多发达国家借鉴创建科技工业园的成功经验，兴办了一些"海洋科技园"，使之成为发展海洋高技术产业的"孵化器"，以促使海洋科技成果转化为现实生产力。其中，美国在密西西比河口区和夏威夷州开办的两个海洋科技园是海洋高新技术园区的成功典范，两者虽侧重点不同，但都致力于积极发展海洋科技，不断提高海洋高技术产业的竞争力，开拓海洋高技术产业的发展空间；另外，位于美国得克萨斯州的三角海洋产业园区、位于北卡罗来纳中心海岸的佳瑞特海湾海洋产业园等，也是以海洋高技术的研发与推广为基本支撑，将海洋生物技术、海洋能源开发技术作为核心技术不断辐射相关海洋产业的发展区域，形成以海洋高新技术为重心的先进示范园区，对美国占据海洋经济发展的优势地位起到了积极的积淀作用。① 国内，天津塘沽海洋高新区、青岛海洋高技术产业基地以及深圳市东部海洋生物高新科技产业区都在促进高技术成果转化方面取得了良好的效果。

国内外海洋高新技术产业园区成功开设，为战略性海洋新兴产业园区的建立起到了良好的示范作用。以海洋高新技术为主要特征的战略性海洋新兴产业应在吸收海洋科技产业园的成功经验的基础上，结合自身的特点，建设独具特色的战略性海洋新兴产业园区。首先，战略性海洋新兴产业园区应该是一个与时俱进的以海洋科技为核心竞争力的综合性园区，是一个打破地域限制的海洋科技园区。它应在海洋科技实力较强、对外开放程度

---

① 陆铭：《国内外海洋高新技术产业发展分析及对上海的启示》，《价值工程》2009 年第 8 期。

较高、对海洋高新技术有一定消化吸收能力的沿海开放区域，依托区域的海洋科技实力和各类园区资源基础而发展起来，被赋予特殊的经济管理权限，属于海洋科技特区的管理模式。其次，战略性海洋新兴产业园区要以国家战略性海洋新兴产业规划为指导，坚持突出海洋高新技术的特色，重点推进海洋生物医药产业、海水淡化与综合利用业、海洋可再生能源业、海洋装备业以及深海产业技术创新，对引进的海洋高新技术进行吸收、消化和创新，将海洋科技研发孵化和科技成果转化作为园区的最基本功能。此外，在注重战略性海洋新兴产业科技成果孵化的同时，将战略性海洋新兴产业园区作为传统海洋产业的技术辐射源，建立强大的技术创新体系，推动整体海洋科技的进步。战略性海洋新兴产业园区的突出优势在于统筹考虑海洋生物医药业、海水淡化与综合利用业、海洋可再生能源业、海洋装备业以及深海产业科技成果转化要求，整合各类软硬件资源，进行资产重组与建构，实现综合效益的产业集聚，尽快实现海洋高新技术成果的商品化、产业化，最大限度地挖掘战略性海洋新兴产业的经济效益和社会效益。

5. 强化知识产权保护

知识产权保护是技术创新成果转化为无形资产、转化为生产力的法律基础和保障。知识产权保护作为科技创新体系的重要组成部分，是促进技术创新，加速科技成果产业化，增强经济、科技竞争力的重要激励机制。加强与科技有关的知识产权管理与保护，是提升我国科技创新层次、增强我国科技创新能力与经济竞争力的重要手段。从国际知识产权领域的发展趋势看，现代知识产权制度呈现出保护范围不断扩大、保护力度不断加强的态势，在国际科技、经济竞争中的作用不断增强。加入世界贸易组织后，我国在科技、经济领域与发达国家的竞争将更为复杂、激烈。因此，要进一步增强我国海洋科技、经济竞争实力，必须把对知识产权制度的建设和运用放到国家海洋科技创新体系建设的战略高度上考虑，把加强海洋知识产权保护作为在海洋科技、经济领域夺取和保持国际竞争优势的一项重要战略措施。[①] 随着以海洋科技进步为主要动力的战略性海洋新兴产业的发展，其科技创新的知识产权保护问题亟须被提到重要议事日程上来。

首先，美国重视科技创新知识产权法律保护的做法值得我们借鉴。美

---

① 于宜法、王殿昌：《中国海洋事业发展政策研究》，中国海洋大学出版社 2008 年版。

国完善的知识产权保护法律制度大大激励和推动了技术创新，成为技术创新推进科技进步的关键之一，形成了以《拜杜法案》为核心，包含 1980 年《联邦技术转移法案》、1982 年联邦管理预算局颁布的《关于执行联邦专利和许可政策的法规》（OMB Circular A－124）、1982 年《小企业创新发展法》、1983 年《关于政府专利政策的总统备忘录》、1984 年《专利与商标法修正案》、1989 年《国家竞争性技术转移法》、1998 年《技术转让商业化法》、1999 年《美国发明人保护法》、2000 年对发明推广者申诉的临时规章和《技术转移商业化法》等以及其他相关联邦政府行政命令在内的完善的法律法规体系。[①] 该法律体系有力地保护了科技创新成果，进一步激发了科技创新的积极性。因此，我国应出台一部专门的战略性海洋新兴产业知识产权保护法，用来激励战略性海洋新兴产业科技创新、保障战略性海洋新兴产业科技成果的专属利益。该保护法应包括海洋生物医药、海水淡化与综合利用、海洋可再生能源、海洋装备以及深海产业有关技术转移、专利与许可、商标以及技术转让商业化运作等方面的问题，并根据战略性海洋新兴产业的不断发展进行修订和完善。

其次，要从具体措施上重视战略性海洋新兴产业各个领域的知识产权保护问题。鉴于我国海洋生物医药的知识产权保护严重滞后、海洋生物医药企业的创新成果还没有得到完善的知识产权保护，应在如下方面加强知识产权保护：其一，基于海洋药物，尤其是中成药的专利保护审批周期长、中药品种保护受限的问题，应积极申请保护已进入临床研究或临床前研究的一批海洋候选药物；其二，目前已申请的海洋生物医药专利中，以国内专利居多且主要集中在抗肿瘤药物和治疗心脑血管疾病药物及生物镇痛药物的研究与开发方面，日后要加强国外专利的申请力度；其三，顺应世界各国利用海洋生物活性物质研制治疗重大疾病的趋势，要积极进行海洋生物活性物质深入研究利用技术的专利申请；其四，努力发展海洋生物基因工程及分子生物学技术、海水养殖良种选育及工厂化育苗技术、海洋水产养殖饲料开发技术等，形成多类型、多层次构成的海洋生物专利技术结构布局。各类海洋生物技术领域的具体布局应因地制宜，突出特色，不断调整优化，积极获取专利保护；其五，从事海洋生物医药研究的学者应注意在国外发表有关科研学术论文的专属性，以免导致关键性技术泄露，使我

---

① 江浩、靡一声：《加拿大科技创新成果产业化考察及借鉴》，《上海铁道科技》2004 年第 1 期。

国的海洋生物医药生产处于被动等。另外,海洋可再生能源利用前沿技术的知识产权大多掌握在欧美国家,要积极申请相关技术专利;海洋装备的设计、配套等相关核心技术以及用于深海探测、作业的技术和装备也要注意保护自主知识产权。

6. 促进国际合作与交流

目前,以海洋生物技术和深海技术为核心的海洋高技术领域快速发展使战略性海洋新兴产业发展的国际化趋势明显。美国、日本等海洋经济发达国家通过实施重大综合性海洋科学研究计划、建造一些高水平的设施和实验设备供各国科研人员共同利用、向发展中国家提供资金和技术援助等积极的合作举措,在海洋生物医药、海水淡化与综合利用、海洋再生能源等战略性海洋新兴产业的各个领域实现了国际合作。相较之下,我国战略性海洋新兴产业的国际合作尚处于起步阶段,仅实现了海洋油气业和海水淡化业的合作。从国际战略性海洋新兴产业的合作趋势看,我国战略性海洋新兴产业无论从合作规模还是领域上都存在较大的差距,大大阻碍了其综合效益的发挥和潜在实力的挖掘。

为顺应国际战略性海洋新兴产业发展的国际化趋势,应切实加强国际交流与合作,提高引领发展能力。加强国际合作计划的参与和组织力度,重点扩展与北美洲、欧洲等发达国家国际著名海洋研究机构的伙伴式合作关系;构建东南亚邻国海洋科学技术合作机制,强化和建立与俄罗斯、日本、印度、韩国等周边国家区域性重点海洋研究机构的长期、稳定的合作关系;实现双边定期互访,选取一定的海域和关键科学问题,实施联合攻关;积极推进中国在海洋科学领域与非洲及南美洲第三世界国家的合作与交流,进一步提升中国海洋科技的国际知名度。在国际合作中,逐步摆脱被动参与的局面,加强项目和重大计划的设计,逐步在国际计划中增加中国海洋科技的力量,在部分优势领域实现以我国为主导的国际合作。① 凭借自身战略性海洋新兴产业发展优势,实现在海洋生物医药、海水淡化与综合利用、海洋可再生能源等战略性海洋新兴产业的各个领域的国际合作,以科技水平的全面提升引领战略性海洋新兴产业的发展潮流。

---

① 中国科学院海洋领域战略研究组:《中国至 2050 年海洋科技发展路线图》,科学出版社 2009 年版。

三、我国战略性海洋新兴产业投融资政策

但凡某一产业具有战略性，通常是指能够引领国家经济发展潮流，对国家经济发展具有巨大的潜在贡献率，能够体现未来经济发展趋势和科技进步的方向，但这类产业往往需要可靠的巨额资金作为坚强后盾。因此，建立多渠道的有效的投融资体制，充分调动各种类型的资金投入国家战略产业领域，形成国家战略产业投资的良性循环，是我国培育战略性新兴产业的必要条件。① 战略性海洋新兴产业多为技术含量高、研发周期长、风险较高的产业，更需要大量、连续的资金注入。对战略性海洋新兴产业来说，要通过加大政府的资金投入，建立多元化的投融资机制，为战略性海洋新兴产业的发展提供物质保障。

1. 明确政府职责，加大政府投入

强大的资金投入是发展以海洋科技为主导的战略性海洋新兴产业的重要保障，发达国家纷纷意识到这一点，近年来政府投入海洋科技研究经费额度不断加大。美国在 1996～2000 年投入海洋科技研究与开发经费达 110 亿美元，2001～2005 年达到 390 亿美元，实施了一大批海洋科技研究与开发项目。日本在积极发展海洋产业的同时，注重将海洋科技投入向战略性海洋新兴产业相关领域倾斜，极大地促进了战略性海洋新兴产业的发展，并带动起日本海洋科技整体水平的提高。② 借鉴发达国家的成功经验，在发展我国战略性海洋新兴产业过程中，应注意发挥政府在投资中的主导地位，不断加大政府投入，保证我国战略性海洋新兴产业的健康持续发展。

政府在高新技术产业投融资制度中居于基础性地位，政府投融资应起引导、监控和辅助作用，其职能主要包括财政专项拨款，设立产业发展基金，立项融资，为资金融通提供协调、咨询服务和政策法规支持等。政府投资应以非营利性、战略性、全局性关键技术研发为主。③ 在战略性海洋新兴产业的发展中，政府应着重从以下几方面来体现在投融资体制中的基础性作用，不断加大资金的投入。其一，国家更应在财政预算中逐年提高用

---

① 房汉廷：《发展战略性新兴产业要过七道坎》，《中国高新技术产业导报》2010 年 1 月 25 日第 A03 版。

② 李双建、徐丛春：《日本海洋规划的发展及我国的借鉴》，《海洋开发与管理》2006 年第 1 期。

③ 刘建武：《我国高新技术产业发展的制度创新研究》，博士学位论文，西北大学，2002 年。

于战略性海洋新兴产业研究与开发的经费，形成一定的支持战略性海洋新兴产业发展的资金投入规模，建立专门的资金渠道；将国家自然科学基金和国家"863"高技术研究发展基金以及各地方的重点基金积极向战略性海洋新兴产业倾斜，从源头上给予其有力的财政支持，以形成稳定的战略性海洋新兴产业政府投资的资金来源。其二，设立战略性海洋新兴产业发展的政府基金，用于支持战略性海洋新兴产业发展计划。政府基金可分为中央政府和地方政府两个层次，中央政府及主管部门的政策基金主要用于支持战略性海洋新兴产业的关键技术领域，地方政府的基金主要用于海洋生物医药、海水淡化等企业的技术创新。基金的管理应力求专业化，整体操作方式应与市场接轨，采取商业化方式运作，并保证一定的基金投资总体回报水平。其三，政府投资主要用于海洋生物医药、海水淡化与综合利用、海洋可再生能源、海洋装备以及深海产业等领域的试验生产和大规模生产的产业化项目，在资金分配上要集中于具备高收益率和潜在发展前途的重大专项，尤其要优先用于集成创新的战略性海洋新兴产业各领域联合开发项目。其四，在加大资金投入的同时，为战略性海洋新兴产业资金融通提供协调、咨询服务和政策法规支持，保证政府资金投入的规范性和有效性。

2. 建立多层次的资本市场体系

（1）大力发展风险投资。由于战略性海洋新兴产业技术、市场、政策、利润回报的不确定性等因素，使其发展具有较高的风险性，需要资本市场的支撑，特别是风险投资的支持。目前，风险投资以其风险共担、收益共享的投资特点，成为世界各国战略性海洋新兴产业的主要融资方式。自20世纪70年代以来，美国由于风险投资的快速发展赢得了战略性海洋新兴产业科技创新的优势。相比之下，我国的风险投资起步较晚，尽管近年来我国风险投资发展迅速，但与发达国家相比仍有很大差距，再加上战略性海洋新兴产业比一般高新技术产业的投资风险更大，也很难向商业银行争取信贷资金，因而更需要借助风险投资的助推作用。因此，为了积极推动战略性海洋新兴产业的发展，大力发展风险投资势在必行。

风险投资集资金融通、企业管理、科技和市场开发等诸多因素于一体，较好地满足了高新技术企业发展过程中的资金需求，是一种向极具发展潜力的企业或项目提供权益性资本的长期投资。首先，风险投资的方式主要是股权性投资，它靠企业资产增值后的股权转让获得收益，投资周期较长，不需定期、固定的资金偿还。其次，风险投资不仅可以给企业带来资金，而且还可向企业提供管理经验及各种信息咨询服务。① 最后，由于其具有灵活的退出机制，满足了战略性海洋新兴产业的融资需求，因而更具适用性，是战略性海洋新兴产业最为有利的融资方式。从我国的具体国情出发，建立完善的风险投资体系是一项极为复杂的系统工程，需要考虑多方面的因素。第一，营造有利于战略性海洋新兴产业风险投资的政策环境。实践表明，美国风险投资之所以能够蓬勃发展，最重要的因素是美国政府创造了适宜于风险投资生长和发展的政策环境。鉴于我国战略性海洋新兴产业的特点，要从风险投资资金筹集、风险投资项目的发现以及风险投资资金的退出等方面营造良好的政策环境。第二，要借鉴国际上有效的风险投资模式，并结合我国战略性海洋新兴产业发展的实际情况，构建我国战略性海洋新兴产业风险投资体系，即从风险投资的融资体系、退出渠道和外部支持系统等方面着手，建立起多元化的融资体系、灵活的退出机制和完整的外部支持系统的风险投资体系。具体说来，通过中央和地方政府拨款、民间投资、国外风险投资、大型企业和企业集团的多元化风险投资主体，公募、私募、政府单独出资、有限合伙制风险投资基金的多元化风险投资主体，以投资公司、信托投资和有限合伙的多样化组织形式来建立多元化的风险投资体系；通过公开发行上市、柜台交易和股权转让、企业并购、企业回购和清算退出来形成灵活的退出机制；通过创造良好的市场经济环境、建立完善的风险投资法律法规体系、加强海洋科技园建设，建立强大技术创新体系，大力培养一支高素质的风险投资人才队伍来建立完整的外部支持系统。②

（2）发展多层次的资本市场融资方式。首先，抓住我国债券市场的发展契机，努力探索债券市场对于战略性海洋新兴产业发展的支持机制和形式。一是通过银行和其他金融机构发行的债券，开辟战略性海洋新兴产业最直接的外源性债务融资渠道；二是政府出面设立企业担保投资公司，让战略性海洋新兴产业的企业发行企业债券，进行直接融资；三是继续完善我国高新技术园区债券发行机制，不断创造条件扩大其发行规模；四是加快债券品种创新，尤其是促进有条件的战略性海洋新兴产业企业增加可转

---

① 韩珺：《我国高新技术产业融资模式创新研究》，博士学位论文，中国海洋大学，2008年。
② 吴庐山：《我国海洋高技术产业风险投资的构建与对策探讨》，硕士学位论文，暨南大学，2005年。

换债券的发行。其次，要充分重视证券市场对战略性海洋新兴产业发展全过程的支持作用。一是要加大主板市场对战略性海洋新兴产业企业的支持力度，充分利用国外市场，努力为战略性海洋新兴产业的相关企业在海外上市创造便利条件，大力支持企业在海外市场融资；二是注重二板市场、三板市场对创新型中小企业的融资作用，发挥以创业板市场为核心的多层次支持作用。积极推动目前正处于研发或创业阶段的海洋药物、海水综合利用、海洋能源等领域的中小企业在创业板市场和三板市场中直接融资。最后，利用期货合约、期权合约、远期合同、互换合同等金融衍生工具为战略性海洋新兴产业融资，做好积极的资金储备。

3. 完善银行间接融资体系

（1）创新商业银行经营理念。积极引导各类商业银行开展针对战略性海洋新兴产业的差别化和标准化服务。一是促进各类贷款担保机构的发展，进一步完善多层次的信用担保体系，建立和完善符合科技企业特点的知识产权担保制度。二是进一步强化财政贴息的作用，将对科技企业贷款贴息置于非常重要的位置，扩大财政贴息的规模，改进和完善贴息管理操作。[①]三是银行在对战略性新兴产业相关企业提供贷款支持时实行差别利率政策，相关企业的贷款利率可以低于其他企业的利率。四是开展透支或贷款承诺业务。透支或贷款承诺实际上是金融机构与借款人之间的远期合约，通过特定的合约条款，能在一定程度上减少金融机构与借款企业之间的信息不对称问题，有助于金融机构加强放贷后的事后监督；同时在一定程度上，可以减少企业获得贷款后的道德风险。因此，应当扩大银行业务范围，鼓励金融机构向信用好的中小高新技术企业提供授信贷款服务。[②]

（2）进一步完善政策性金融支持体系。

1）加大政策性银行的融资力度。随着高新技术在国民经济发展中的作用不断增大，国家正在逐步加大对自主创新的支持力度，规定在政策允许范围内，引导政策性银行对重大科技专项、重大科技产业化项目的规模化融资和科技成果转化项目、高新技术产业化项目、引进技术消化吸收项目、高新技术产品出口项目等提供贷款，对高新技术企业发展所需的核心技术和关键设备的进出口提供融资服务。国家开发银行向高新技术企业发放软

---

① 房汉廷：《构建新型多层次科技投入机制的战略措施》，《经济研究参考》2004年第9期。
② 韩珺：《我国高新技术产业融资模式创新研究》，博士学位论文，中国海洋大学，2008年。

贷款，用于项目的参股投资。中国进出口银行设立特别融资账户，对高新技术企业发展所需的核心技术和关键设备的进出口提供融资支持。中国农业发展银行对农业科技成果转化和产业化实施倾斜支持政策。① 以海洋高新技术为主要依托的海洋生物医药、海水淡化等企业可借由国家政策的东风，积极向国家开发银行、中国进出口银行和中国农业发展银行争取融资支持，在项目贷款、核心技术和关键设备的进出口以及科技成果转化等方面获得专项长期的资金注入，以保证企业的正常高效运转。

2）成立科技发展银行。为了进一步拓宽战略性海洋新兴产业的融资渠道，许多发达国家纷纷设立科技发展银行（又称实业发展银行）来提供创新型高技术企业所需的金融服务。例如，加拿大政府设立的实业发展银行是加拿大的政策性银行，主要为中小企业提供商业银行不愿经营的小额贷款、高风险贷款、知识型企业贷款，其风险投资项目是专为促进中小型创新型高技术企业发展而设立的一项专款专用基金项目。2008 年，为了支持加拿大风险资本产业和促进加拿大创新性新公司的可持续发展，加拿大政府通过加拿大实业发展银行提供了 3.5 亿美元，来扩展风险资本的活动，包括直接投资在公司中的 2.6 亿美元和间接投资在加拿大风险资本领域内的9000 万美元。② 这种积极的融资方式有效地缓解了加拿大战略性海洋新兴产业高新技术企业资金的短缺，极大地促进了海洋生物医药、海水淡化等企业关键技术的自主研发和不断创新。

我国关于建立科技发展银行的动议由来已久。2004 年科技部就提出了成立政策性科技发展银行，支持我国高新技术产业发展的建议。随着战略性新兴产业的提出，科技创新、增强自主创新能力被提上了议事日程，成立科技发展银行更成为支持战略性新兴产业发展的一项重大举措。鉴于科技创新存在着很大的不确定性和巨大的外部溢出效应，科技发展银行应该定位在政策性银行上，是科技与金融创新紧密结合的政策性金融机构，主要针对科技型中小企业、高新技术园区和国家重大科技专项提供投融资的金融服务。对战略性海洋新兴产业来说，由于极具开发价值的海洋生物医药、海水淡化与综合利用、海洋可再生能源、海洋装备以及深海领域高科

---

① 《关于实施〈国家中长期科学和技术发展规划纲要（2006～2020 年）〉若干配套政策的通知》，国发［2006］6 号。

② http://www.innovation.ca/en.

技项目风险较大，一般的商业银行不愿承担风险，急需科技发展银行从资金上给予政策性扶持，在高技术创新型海洋生物医药、海水淡化等企业的技术创新、战略性海洋新兴产业园区以及国家战略性海洋新兴产业重大科技专项上给予资金支持，有力促进海洋高新技术成果的孵化。

4. 吸引外资参与，合理利用外资

随着海洋科技合作与交流的不断深入，战略性海洋新兴产业的国际化趋势日益明显。利用银行借贷、外商直接投资、国内证券市场融资、境外证券市场融资等多种渠道吸引国外资金，包括国际组织和外国政府的优惠贷款、赠款，境外企业的直接投资等，参与海洋生物医药、海水淡化与综合利用、海洋可再生能源、海洋装备以及深海领域的高技术产业项目，还可以通过采取一些优惠政策吸引一批优秀的私营企业主来战略性海洋新兴产业科技园区投资创业，以扩大战略性海洋新兴产业的资金流入。在对外资的使用上，要采取一系列资本控制措施，使外资流入及其构成处于政府的严格控制之下。要以维护民族利益、保护民族品牌为重，在鼓励外资注入高附加值和高知识产权保护度的战略性海洋新兴产业项目时，要注意合作方式、股权控制等问题，防止核心技术外流、知识产权受侵害的事件发生，最大限度地保证我国战略性海洋新兴产业的利益。

战略性海洋新兴产业具有高投资性、高风险性以及较长的周期性，雄厚的财力支撑是实现其可持续发展的必要保证。除了加大政府投入、完善资本市场、银行间接融资、合理利用外资等融资方式外，也可将战略性海洋新兴产业相关企业高端的产业技术进行转让，吸收资金；加强企业和专业化实验室的联系，适当缩短新产品的商品化过程，及时快捷地回笼资金；充分吸收民间资本，发挥民间资本的集聚效应等来广泛筹集资金，逐步形成政府投入、银行支持、企业自筹和利用外资等的多元化融资渠道。

四、我国战略性海洋新兴产业人才政策

海洋人力资源是最重要的资源，是第一位资源，是海洋事业发展的动力之源。海洋事业发展的每一步，均须通过海洋人力资源直接或间接的参与才能实现。高质量的海洋人力资源不仅能深度开发和有效利用自然资源，而且能够创造出新的物质资源以弥补原有的不足，因而日益成为国家参与国际竞争、增强综合国力的重要砝码。战略性海洋新兴产业随着海洋科技的发展而发展，因而需要大量高科技人才作为坚强的发展后盾。面对战略性海洋新兴产业人才储备不足、高层次人才匮乏与战略性海洋新兴产业人才大量需求的矛盾，要把海洋高科技人才的培养、引进、激励与合理使用作为一项战略任务来抓，为战略性海洋新兴产业的可持续发展奠定坚实的基础。

1. 构筑人才培养体系，做好积极的人才储备

（1）完善海洋教育结构，全面提高人才素质。海洋教育是提升海洋人才整体素质的根本手段，21 世纪海洋战略的实施最终要依靠教育来实现。

首先，适当发展海洋高等教育，整合高校优势资源，完善与战略性海洋新兴产业相关的专业设置，实现与其他各类海洋教育的良好衔接。在专业设置上，为适应海洋科学多学科交叉渗透的发展趋势，大力发展与海洋经济、社会、科技密切相关的应用性专业和品牌特色专业，在设立海洋生物、海洋药物等技术密集型专业的同时，增设海洋法律、海洋文化、海洋企业经营管理等方面的专业，以增加对现有紧缺的战略性海洋新兴产业科技人才和管理人才的长期有效供给。在教育层次上，在抓好本科生教育的同时，要在研究生教育中有意识地培养战略性海洋新兴产业所需的科技领军人物和经营管理人才，注意理论知识传授的综合性和前瞻性，积极开拓学术视野，加强研究生与对应领域高层次人才的交流互动，为将来引领战略性海洋新兴产业发展潮流做好积极的准备。

其次，要积极发展多形式、多层次的海洋职业教育和海洋成人教育，与海洋高等教育构成互为补充的战略性海洋新兴产业教育体系。职业技术教育的培养目标是面向战略性海洋新兴产业第一线工作的技术应用型人才。他们担负着生产劳动组织的终端功能，是战略性海洋新兴产业生产的实际操作者，对他们的技术教育的成功与否直接影响战略性海洋新兴产业吸收和消化科技成果的能力，决定产业的最终收益。因此，各类职业技术学院在设置专业时要有针对性，应当准确把握当前战略性海洋新兴产业的现状和变化，掌握由其变化而引起的技术结构和专业人才结构的变化，根据技术、人才与市场的最新需求及时调整专业设置，以保证教育的与时俱进性。与此同时，为了更有效地提升战略性海洋新兴产业人才的整体素质，必须加强人文精神和综合素质的培养，包括树立高尚的科学道德和严肃的敬业精神，增强将现有的知识技能融会贯通解决实际问题的能力，提高沟通能力与团队协作意识，使其拥有国际化海洋视野下的开拓创新能力等。

（2）分层次制定人才培养方案，注重复合型人才的培养和高层次人才的选拔。要想真正实现战略性海洋新兴产业的可持续发展必须针对不同层次人才的特点制定培养方案。对于专业技术人员来说，应该是在熟练掌握海洋生物技术、海水淡化与综合利用技术、海洋可再生能源发电技术等专业技术的同时，使现有的先进技术得以传承和广泛应用，并在此基础上不断改进和创新。对于从事管理工作的人才来说，开发重点是心理素质、人际交往能力、沟通协调能力等综合素质的提升，并辅之以科学的管理方法，使海洋行政机关更有效率的运转，使海洋企业的经营更具活力。只有有所侧重地激发和培养各层次海洋人才，才能真正强化人力资源优势，使战略性海洋新兴产业的发展和人才的培养互相依托、相互促进。此外，还要根据战略性海洋新兴产业不同领域的需求特点来引导和培养人才。从技术创新角度来看，应积极引导掌握高新技术的专业人才向海洋装备、深海等技术密集型产业流动；从经济效益角度来看，应着力培养海洋生物医药企业、海水淡化及综合利用企业所需的具备国际化视野的经营管理人才。

此外，从战略性海洋新兴产业的发展趋势来看，要注重培养具备一专多能的适应能力、敏锐的创新能力和协调能力、富有献身精神和使命感等各种良好素质的复合型人才，并从中选拔能够把握海洋发展趋势、具有国际化海洋价值观、站在海洋科技前沿的高层次人才。首先，应拓宽渠道，调动一切积极因素加强对复合型人才的培养：在加大海洋教育改革、完善海洋类专业设置的过程中，引导海洋特色高校或各级海洋学院凭借雄厚的师资力量和丰富的教学资源设置复合型人才专业，从源头上解决复合型人才的供给问题；以高校的教学资源为依托，借助海洋行政机关与海洋企业的人力、物力支持，开展各种形式的、有针对性的培训，培养一批高素质的复合型人才；有意识地吸收中青年科技人才参与科研院所、海洋科技园区和示范基地的各大重点项目，带动复合型人才的培养等。其次，在培养复合型人才的过程中，注重选拔整体素质高、创新意识及综合能力强、有巨大发展潜力的高层次人才，包括在战略性海洋新兴产业发展过程中掌握核心技术、引领专业技术潮流、身处海洋科技前沿的高级技术人才和把握战略性海洋新兴产业发展趋势、具有国际化海洋发展视野、能够统领战略性海洋新兴产业发展全局的高级管理人才。

（3）有针对性地开展系统的人才培训，加强培训力度。为了更好地挖掘战略性海洋新兴产业人才的潜力，实现其自身价值的增值，要有针对性地开展系统的海洋人才培训。所谓有针对性，是指针对不同层次人才的特点，在培训内容、培训方式等诸多方面的侧重点要有所不同。以战略性海洋新兴产业经营管理人才的培训为例，应以拓展训练为主要方式着力培养其国际化经营理念和海洋企业的综合管理能力，而不是侧重专业技术的培养。所谓系统，是指培训不仅注重某一海洋工作岗位专业知识、技能模块的总结、梳理，更要重视对海洋总体价值观的培养，高质量地激发员工的主体积极性和创造性，激发培养员工的个人责任心和海洋事业荣辱感、效益观与协作精神等，并通过培训将其融入实际工作中去，从而更出色地完成工作并有所创新。

另外，针对当前海洋人才培训方式单一、积极性不高的现状，应采取多种方式加强培训力度。除开办传统的培训班之外，也可以通过研讨会、出国考察等方式拓展战略性海洋新兴产业的人才培训模式。更为重要的是，要从培训的根本目的出发，善于营造学习式的工作氛围：注重进行自主学习和培训，通过海洋内部的互联网以及其他现代化知识平台实现各种资料和数据的共享，以战略性海洋新兴产业业务知识的全局意识进行跨部门学习，增加知识和技能的融会贯通；加强海外引进人才与内部人才的交流，不断激发人才的创新意识和再创新能力，使人才在优势互补中取得共同进步。总之，要构建战略性海洋新兴产业人才培训网络，形成培训全程优化的信息网络，创新培训模式，增添人才发展的后劲。

2. 加大人才引进力度，促进人才的国际合作与交流

在加强战略性海洋新兴产业人才培养的同时，还要积极从国外引进一批海洋生物医药业、海水淡化与综合利用业、海洋可再生能源、海洋装备业以及深海产业的专业技术和管理的高层次人才，特别是海洋高新技术人才和具备国际化经营素质的海洋企业管理精英。人才的引进一方面可以为战略性海洋新兴产业充实人才队伍，弥补国内培养力所不及的专业人才缺口；另一方面也为战略性海洋新兴产业的科技创新与经营管理注入新鲜血液，有利于吸收国外海洋生物医药业、海水淡化与综合利用业、海洋可再生能源、海洋装备业以及深海产业的先进技术和管理理念，更好地为战略性海洋新兴产业的可持续发展积聚力量。此外，要鼓励战略性海洋新兴产业的科研骨干赴国外相关机构进修访问和参加高级研讨班等学习交流，鼓励和支持战略性海洋新兴产业的专业技术人才和经营管理人才到国外相应的生产和经营机构参观考察，通过开阔视野、互动交流，尽快造就一支具

备跟踪国际科技前沿、参与国际竞争与合作能力的创新人才队伍，加快战略性海洋新兴产业化发展的人才队伍建设，重点培养一批掌握核心技术、引领海洋产业未来发展的海洋领军人才及其相应科技研发团队，促进战略性海洋新兴产业的长足发展。

3. 建立人才激励机制，引导和促进人才的创新

研究表明，组织中人员潜力的发挥与受到有效激励的程度有很大的关联度，如果受到充分的激励，他们的潜力可以由20%～30%的一般水平上升到80%～90%的较高水平。可见，要想充分促进海洋人才能力的发挥，必须建立全方位的人才激励机制。从物质层面上说，要把考核结果与奖惩、职级升降以及工资调整紧密结合起来，按照对海洋事业贡献的大小拉开收入档次以及奖金、福利的分配等级，强化工资分配对海洋人力资源的基础性激励作用。从精神层面上讲，要根据需要理论中人对尊重、自我实现等精神层面的追求，运用情感激励、赏识、责任感、成就感等精神激励对工作绩效发挥更持久的促进作用。另外，要善于引导每个员工在企业整体目标下设定个人目标，把个人发展和企业的发展、个人理想和企业长远目标紧密结合起来，建立同时满足企业和个人的双重发展的激励机制；重视工作过程本身提供的趣味性、挑战性以及员工从工作中获得的愉悦与成长的享受。归结起来，就是要把物质激励和精神激励相结合、外在激励和内在激励相结合，从物质、精神、目标、工作等各个方面进行有效激励，最大限度地调动海洋人才的积极性。

人力资源可持续发展的主题在于培养人才的创新精神，开发人才的创新能力。为了充实21世纪具有创造性思维和创新能力的高素质人才队伍，首先必须依据国家的海洋人才战略，制定相应的鼓励创新、奖励优秀和促进发展的政策，激励战略性海洋新兴产业人才努力开拓、不断创新。其次要进一步深化分配制度改革，给创新人才提供必要的物质驱动。各类专业技术岗位和管理岗位可以逐步实行市场工资制，建立国内外各产业、行业领域的顶尖人才的市场价格参照指数。特别是对专业技术人才，实行一流人才、一流贡献、一流报偿，激励优秀拔尖人才积极创新。再次，还要将战略性海洋新兴产业发展与国家、区域发展紧密结合起来，对各种利于创新的资源给予有效供给，积极开发具有市场导向性的技术成果，使创新成果转化为现实社会效益的速度大大提高。最后，更重要的是要形成一种鼓励创新、培育冒险，容许失败的氛围，建立适合战略性海洋新兴产业特点

的学习型组织，树立终生学习、全员学习、全过程学习、团体学习、自我学习的新观念，使人才具备自身知识结构更新、自身能力素质提升、自身精神心态调整的能力，最终达到创新意识贯穿始终的可持续发展。

4. 优化人才结构，建立合理的用人机制

海洋人才可持续发展的实现需要从年龄、专业、学历等各方面优化人才结构，逐步建立海洋人才调整与战略性海洋新兴产业发展相协调的动态机制。国内外经验和人才本身的成长规律都表明，中青年人才是海洋事业发展的中流砥柱。为夯实战略性海洋新兴产业发展的人才基础，要通过在海洋工作实践中培养锻炼中青年人才，鼓励青年人投入到艰苦复杂的环境中磨炼自己；还要通过共同承担国家重点项目，利用老员工的经验优势促进青年海洋工作者尽快提高业务素质和科研能力，以全面的知识和技能担负起海洋事业发展的重任；通过调整专业的设置和各类资源的整合，培养一批满足战略性海洋新兴产业全面发展的海洋经济、海洋法律、海洋文化人才和海洋产业的高层次企业管理人员，并在学历上形成较佳能级结构。根据我国海洋发展战略的需要，最终形成以高学历、高层次的海洋行政管理人才和优秀企业家为领导，以中青年学术带头人和科研骨干为中坚力量的合理的梯次人才队伍结构。

实现海洋人才可持续发展的另外一个重要环节是要通过建立合理的用人机制来留住人才。首先要构筑良好的用人环境。以科学发展观为指导，树立以人为本的用人理念，重视人才的自身价值，形成尊重人才的良好氛围；让员工把所在单位作为自己生活和一生事业的依托，感受到本单位的发展战略与人才的个人发展目标的一致性；注重完善公平竞争与激励机制，用政策杠杆挖掘人的潜力，使人才获得充分展示和提高其才能的机遇和条件，以保证其自我价值的实现和潜在价值的发挥。其次要建立科学的人力资源评价体系。通过个性特质评价、职业行为能力评价和关键业绩指标考核来恰当地量才、更好地用才，使人才的贡献得到承认，使真正优秀的、为海洋事业所需要的人才脱颖而出，开创人才辈出、人尽其才的局面。最后要引导海洋人力资源合理流动。通过完善人才的保障制度来破除人才流动的体制障碍，使各类海洋人才在市场机制的基础作用下完成合理的配置；制定有利于人才流动的政策，鼓励人才打破传统的就业择业观念选择更利于发挥潜力的海洋工作岗位；对于高层次海洋人才，应提供更为灵活的聘用方式，促使其最大限度地为海洋事业的发展服务。

第三节　本章小结

本章在对我国战略性海洋新兴产业现状和政策分析的基础上，构建了我国战略性海洋新兴产业发展政策体系，该体系包括我国战略性海洋新兴产业发展战略和我国战略性海洋新兴产业具体发展政策两个层次。

首先，从指导思想、发展思路、基本原则、重点任务等方面来统筹考虑，根据国家下一阶段面临的发展任务和战略目标来制定战略性海洋新兴产业发展战略，即以科学发展观为指导，以开发海洋高新技术为核心，以科技自主创新为重点逐步实现近期目标和中长期目标的发展思路，坚持为海洋经济发展和国家战略实施服务、海洋科技支撑与引领、以生态系统为基础的海洋综合管理、可持续发展和积极参与国际合作的原则，重点推动战略性海洋新兴产业各领域的关键技术与核心技术的自主创新、建立多元化的战略性海洋新兴产业融资渠道、实施战略性海洋新兴产业人才战略以及完善战略性海洋新兴产业的法律法规和制度环境。

其次，在战略性海洋新兴产业发展战略的指导下，基于对战略性海洋新兴产业发展现状以及现有政策的分析，借鉴海洋经济发达国家在战略性海洋新兴产业发展政策的成功经验，遵循科学发展观的指导从法律法规与制度环境、技术、资金、人才的不同角度来制定战略性海洋新兴产业的具体发展政策。具体来说，通过重视基础研究、加强技术开发、更新技术装备、加快科技成果转化、强化知识产权保护、促进国际合作与交流来推动海洋生物医药业、海水淡化与综合利用业、海洋可再生能源业、海洋装备业以及深海产业关键技术与核心技术的自主创新；通过加大政府投入、建立多层次的资本市场体系、完善银行间接融资体系、吸引外资参与等方式建立战略性海洋新兴产业多元化融资渠道；通过建构人才培养体系、加强人才引进力度、建立人才激励机制、优化人才结构来实施战略性海洋新兴产业人才战略；通过完善战略性海洋新兴产业的制度环境，建立健全战略性海洋新兴产业的法律法规来营造战略性海洋新兴产业的政策环境。

第七章 结论及展望

第一节 研究结论

本书运用产业经济学的基本原理，在分析我国战略性海洋新兴产业发展现状的基础上，对我国战略性海洋新兴产业的现有政策进行了认真的梳理，找出其中的不足，结合国外战略性海洋新兴产业发展政策的成功经验，构建了我国战略性海洋新兴产业发展政策体系。通过研究，本书得出以下几点结论：

首先，我国战略性海洋新兴产业发展存在相关的政策法规不健全、缺乏相应的管理和协调机构、技术自主研发能力薄弱、科技成果转化率低、缺乏有效的投融资机制、人才储备不足、高层次人才匮乏以及国际合作有待加强的问题。这些问题的出现归结起来是由于产业发展所处的阶段以及技术、资金和人才等因素的制约，这也正是从政策层面解决这些问题的切入点。

其次，发达国家通过制定产业发展政策有效地促进了战略性海洋新兴产业的发展。美国、日本等海洋经济发达国家由于具体国情与海洋经济发展阶段的不同，其战略性海洋新兴产业发展战略与具体发展政策也呈现出一定的差异。然而，各国普遍采取制定政策规划、成立管理与协调机构、加强技术研发与成果转化、建立有效的投融资机制、加强人才培养和国际合作等政策措施，有效地规范和推动了战略性海洋新兴产业的发展。结合我国战略性海洋新兴产业的具体特点，借鉴它们共同的成功经验和模式来制定我国战略性海洋新兴产业发展政策，对于促进我国战略性海洋新兴产业的跨越式发展具有积极意义。

最后，通过分析我国战略性海洋新兴产业现有发展政策的特点、缺失和政策需求，构建我国战略性海洋新兴产业发展政策体系。在 21 世纪"后危机时代"，适逢"十二五"发展的战略机遇期，要以增强自主创新能力为主线，秉承基于生态系统的海洋综合管理理念，制定我国战略性海洋新兴产业发展战略和具体发展政策，形成一个层次分明、效力有别、科学合理而又运行有效的战略性海洋新兴产业发展政策体系，并以此促进海洋产业结构的调整和海洋经济增长方式的转变。

第二节　研究展望

尽管本书在对国内外以往发展政策分析借鉴的基础上构建的我国战略性海洋新兴产业发展政策具有一定的理论意义和实践意义，但是由于受主观能力和客观资料的制约，研究的广度和深度都存在一定的局限性，主要表现在以下几个方面：

首先，本书的数据搜集不全面，这是由于战略性海洋新兴产业所涉及的领域在海洋经济统计年鉴中没有海洋装备业和深海产业的数据，海洋生物医药业、海水淡化与综合利用、海洋可再生能源业的数据也相对笼统，因此只能在分析我国战略性海洋新兴产业发展现状时做一个大体的态势反映，从而影响了我们研究的准确性，使得在构建具体发展政策时缺少相应的数据支撑。

其次，对我国战略性海洋新兴产业发展政策，本书主要从发展战略以及技术、资金、人才、法律法规四个方面提出了大致的研究框架，研究的角度和范围有限。

再次，本书只是提出了我国战略性海洋新兴产业发展政策的框架，对于产业政策工具的使用、产业政策的传导机制、产业政策的评估体系以及产业政策有效性衡量问题都没有涉及，使得该研究的立体性和延展性有所欠缺。

最后，战略性海洋新兴产业发展政策是一个复杂的系统，是一个涉及范围广、需要长期予以关注的焦点问题。由于本人的精力和能力所限，本书的研究只是就发展战略，从技术、资金、人才和法律法规方面对我国战略性海洋新兴产业发展政策做了初步的探索，研究的广度和深度都有待进一步提高。其一，本书从宏观和中观产业层面上对我国战略性海洋新兴产业发展政策进行了一定研究，但对于战略性海洋新兴产业微观层面上的相关企业的研究还有待深入。其二，战略性海洋新兴产业未发展到完全的市场化阶段，需要政府的引导和调控，因此如何从宏观角度建立政策的评估体系，设立政策有效性的衡量标准，把握政策的作用力度，还需要做深入的研究。其三，由于战略性海洋新兴产业提出时间尚短，各方对其研究还很不全面。未来可以开展战略性海洋新兴产业的实证研究、案例研究，从不同的理论视角来探讨战略性海洋新兴产业的发展问题，进一步丰富和扩展研究视野。

参考文献

［美］诺斯:《经济史中的结构与变迁》，上海三联书店 1991 年版。

［美］诺斯等:《西方世界的兴起》，华夏出版社 1989 年版。

［美］约翰·福斯特、斯坦利·梅特卡夫:《演化经济学前沿——竞争、自
组织与创新政策》，贾根良、刘刚译，高等教育出版社 2005 年版。

［日］下河边淳、菅家茂:《现代日本经济事典》，中国社会科学出版社 1982
年版。

［英］克里斯托夫·弗里曼:《技术政策与经济绩效——日本的教训》，新田
光重译，晃洋书房 1989 年版。

［英］克里斯·弗里曼、罗克·苏特:《工业创新经济学》，华宏勋等译，北
京大学出版社 2004 年版。

［英］帕萨·达斯库帕塔等:《经济政策与技术绩效》，徐颖等译，长春出版
社 2008 年版。

包诠真:《我国海洋高新技术产业竞争力研究》，硕士学位论文，哈尔滨工
程大学，2009 年。

卜凡静、王茜:《发展海洋高等教育　优化海洋人才结构》，《科技信息》
（学术研究）2007 年第 32 期。

陈宝明:《我国当前产学研结合中存在的若干问题与政策》，《中国高校科技
与产业化》2009 年第 11 期。

陈汉欣:《新中国高科技园区的建设成就与布局》，《经济地理》2009 年第
11 期。

陈瑾玫:《中国产业政策效应研究》，博士学位论文，辽宁大学，2007 年。

陈柳钦:《高新技术产业发展的资本支持研究》，知识产权出版社 2008
年版。

陈文锋、刘薇:《战略性新兴产业发展的国际经验与我国的对策》，《经济纵

横》2010 年第 9 期。

陈文化：《腾飞之路——技术创新论》，湖南大学出版社 1999 年版。

陈云翔：《我国高新技术产业发展的机制与环境研究》，硕士学位论文，河海大学，2003 年。

陈振明：《公共政策分析》，中国人民大学出版社 2001 年版。

崔卫杰：《战略性新兴产业国际市场开拓的现状、问题与对策》，《国际贸易》2010 年第 10 期。

曹忠祥：《发展海洋先进文化，促进海洋经济和谐发展》，《中国海洋报》第 1407 期。

崔赵辉：《北京市高新技术产业政策实施效果评价研究》，硕士学位论文，中国地质大学，2007 年。

董永涛：《中国高新技术企业生长发展问题研究》，辽宁大学出版社 2004 年版。

G. 多西：《技术进步与经济理论化》，经济科学出版社 1992 年版。

管华诗、王曙光：《海洋管理概论》，中国海洋大学出版社 2003 年版。

高鸿业：《西方经济学》，中国人民大学出版社 2000 年版。

高文博：《技术创新经济学述评》，硕士学位论文，吉林大学，2004 年。

郭越、董伟：《我国主要海洋产业发展与存在问题分析》，《海洋开发与管理》2010 年第 3 期。

国家海洋局：《中国海洋统计年鉴》，海洋出版社 2006 ~ 2009 年版。

国家海洋局：《中国海洋经济统计公报 2009》，海洋出版社 2009 年版。

国家海洋局：《中国海洋发展报告 2010》，海洋出版社 2010 年版。

国务院：《国家中长期科学和技术发展规划纲要（2006 ~ 2020 年)》，2006 年 1 月。

国务院：《中华人民共和国"十一五"国民经济和社会发展总体规划（2006 ~ 2010 年)》，2006 年 3 月 14 日全国人民代表大会第四次全会通过。

国务院发展研究中心国际技术经济研究所：《中国海洋高技术及其产业化的重点领域和实施策略研究》，化学工业出版社 2001 年版。

韩珺：《我国高新技术产业融资模式创新研究》，硕士学位论文，中国海洋大学，2008 年。

韩立民、文艳：《努力创建我国海洋科技产业城》，《海洋开发与管理》2004 年第 4 期。

韩立民：《海洋产业结构与布局的理论和实证研究》，中国海洋大学出版社2007年版。

何广顺、王晓惠：《海洋及相关产业分类研究》，《海洋科学进展》2006年第3期。

胡希宁：《当代西方经济学概论》（第三版），中共中央党校出版社2004年版。

黄海明：《我国高新技术产业发展政策研究》，博士学位论文，中共中央党校，2010年。

黄胜平、黄方今：《探索战略性新兴产业与绿色经济相契合的科学发展之路》，《江南论坛》2010年第10期。

贾卓威、王国筹：《美国科技创新知识产权法律制度研究》，《黑龙江省政法管理干部学院学报》2009年第6期。

姜达洋：《国外产业政策研究的新进展》，《天津商业大学学报》2009年第5期。

蒋日富：《世界海洋工程装备产业发展趋势》，《经济参考报》2010年3月9日。

科技部：《国际科学技术发展报告》，科学出版社2010年版。

李芳芳、栾维新：《知识经济时代下我国海洋高新技术产业的发展》，《海洋开发与管理》2005年第1期。

林平凡、刘城：《广东战略性新兴产业的成长条件和培育对策》，《科技管理研究》2010年第20期。

刘成伟：《英国政府的科技创新政策及其对我国政府的启示》，《科技与管理》2007年第3期。

刘洪昌、武博：《战略性新兴产业的选择原则及培育政策取向》，《现代经济探讨》2010年第10期。

刘洪滨、刘康：《青岛市国家海洋高技术产业基地研究》，海洋出版社2009年版。

刘辉：《政府在高新技术产业发展中的作用》，硕士学位论文，吉林大学，2005年。

吕薇：《高新技术产业政策与实践》，中国发展出版社2003年版。

卢焱群：《高新技术产业增长极机理研究》，博士学位论文，武汉理工大学，2005年。

马志荣：《我国实施海洋科技创新战略面临的机遇、问题与对策》，《科技管理研究》2008 年第 6 期。

倪国江、鲍洪彤：《海洋高新技术产业化模式分析》，《沿海企业与科技》2001 年第 4 期。

潘爱珍、苗振清：《我国海洋教育发展与海洋人才培养研究》，《浙江海洋学院学报》（人文科学版）2009 年第 2 期。

彭剑峰：《21 世纪人力资源管理的十大特点》，《企业管理文摘》2001 年第 5 期。

綦良群：《高新技术产业政策管理体系研究》，博士学位论文，哈尔滨工程大学，2005 年。

祁湘涵：《欧盟创新政策的发展及其对我国的启示》，《科技管理研究》2008 年第 10 期。

乔琳：《面向国际的我国海洋高技术和新兴产业发展战略研究》，硕士学位论文，哈尔滨工程大学，2009 年。

荣燕：《海洋产业：谁谋划深远谁引领蓝色经济》，《中国能源报》2010 年 3 月 11 日。

史及伟：《我国高新技术产业发展的规律研究》，人民出版社 2007 年版。

史维涛：《高新技术产业发展的人才战略》，硕士学位论文，广西大学，2003 年版。

苏东水：《产业经济学》，高等教育出版社 2000 年版。

孙加韬：《中国海洋战略性新兴产业发展对策探讨》，《商业时代》2010 年第 33 期。

孙文祥、彭纪生、仲为国：《从引进到创新：中国技术政策演进、协同与绩效研究》，经济科学出版社 2007 年版。

孙志辉：《撑起海洋战略新产业》，《人民日报》2010 年 1 月 4 日。

王昌林：《高新技术产业发展战略与政策研究》，北京理工大学出版社 2007 年版。

王殿昌：《做好政策法规与规划工作　保障海洋事业发展》，《海洋开发与管理》2010 年第 2 期。

王宏：《努力促进海洋经济又好又快发展》，《中国海洋报》2009 年 8 月 14 日。

王宏峰：《高技术产业融资论》，博士学位论文，中国社会科学院研究生院，

2002 年。

王继业、黄祖亮、杨俊杰：《海洋高新技术及产业的现状分析》，《科学与管理》2001 年第 5 期。

王淼：《21 世纪我国海洋经济发展的战略思考》，《中国软科学》2003 年第 11 期。

王秋蓉：《我国海洋经济结构面临深度调整——访国家海洋局政策法规和规划司司长王殿昌》，《中国海洋报》2010 年 3 月 9 日。

王元等：《中国创业风险投资发展报告 2008》，经济管理出版社 2009 年版。

温家宝：《让科技引领中国可持续发展》，中央政府门户网站 2009 年 11 月 3 日。

《我国高技术产业现状研究》课题组：《我国高技术产业现状研究》，《中国国情国力》2007 年第 4 期。

吴庐山：《我国海洋高技术产业风险投资体系的构建与对策探讨》，硕士学位论文，暨南大学，2005 年。

谢素美、徐敏：《海洋人力资源管理措施初探》，《海洋开发与管理》2007 年第 4 期。

徐顽强：《我国高科技园区发展中的突出问题及对策分析》，《中国软科学》2005 年第 8 期。

徐质斌：《建设海洋经济强国方略》，泰山出版社 2000 年版。

徐质斌：《海洋经济学教程》，科学经济出版社 2003 年版。

杨宝灵、姜健、桂佳、王智、刘业伟、张洪艳：《海洋生物技术研究现状与前景展望》，《大连民族学院学报》2005 年第 7 期。

杨公朴、夏大慰：《产业经济学教程》（修订版），上海财经大学出版社 2002 年版。

杨培举：《中国海事人才全面告急》，《中国船检》2001 年第 11 期。

杨文鹤：《2020 年的中国海洋科技和技术》，《中国海洋学会 2005 年学术年会论文集》2005 年。

于金镒：《海洋科技产业化及其运行模式》，《中国石油大学学报》（社会科学版）2006 年第 3 期。

于谨凯：《我国海洋产业可持续发展研究》，经济科学出版社 2007 年版。

于谨凯、李宝星：《我国海洋高新技术产业发展策略研究》，《浙江海洋学院学报》2007 年第 4 期。

于谨凯、李宝星：《海洋高新技术产业化机制及影响因素研究》，《港口经济》2007 年第 12 期。

余翔、周莹：《日本创新政策演变的系统特性及其启示》，《科技管理研究》2009 年第 8 期。

于宜法、王殿昌：《中国海洋事业发展政策研究》，中国海洋大学出版社 2008 年版。

詹正茂、熊思敏：《创新型国家建设报告（2010）》，社会科学文献出版社 2010 年版。

张璐：《以科学发展观为指导保持海洋经济可持续发展》，《海洋开发与管理》2005 年第 22 期。

张明龙：《德国创新政策体系的特点及启示》，《世界经济与政治》2008 年第 2 期。

张明龙：《日本运用长期发展规划推动科技创新》，《学理论》2009 年第 19 期。

张一玲：《战略性海洋新兴产业规划研究启动》，《中国海洋报》2010 年 3 月 2 日。

张泽一：《产业政策与产业竞争力研究》，冶金工业出版社 2009 年版。

赵刚：《奥巴马政府支持新兴产业发展的做法和启示》，《中国科技财富》2009 年第 21 期。

赵刚：《政府支持战略性新兴产业发展的政策和机制思考》，《中国科技财富》2010 年第 19 期。

赵英：《解读战略性新兴产业》，《西部论丛》2010 年第 10 期。

赵珍：《我国海洋产业结构演进规律分析》，《理论研究》2008 年第 3 期。

郑能波、董学武：《全球化背景下海洋高等教育发展对策研究——以浙江海洋学院为例》，《浙江海洋学院学报》（人文科学版）2009 年第 2 期。

中国科学院海洋领域战略研究组：《中国至 2050 年海洋科技发展路线图》，科学出版社 2009 年版。

钟清流：《战略性新兴产业发展思路探析》，《中国科技论坛》2010 年第 11 期。

仲雯雯、郝艳萍：《我国海洋人力资源的开发与可持续发展探讨》，《中国渔业经济》2010 年第 6 期。

周庆海：《我国将全面推进海洋能开发利用》，《中国海洋报》2010 年 4 月 2 日。

朱九田：《中国财政科技资金投入体制研究》，硕士学位论文，中国农业大学，2005 年。

朱瑞博：《中国战略性新兴产业培育及其政策取向》，《改革》2010 年第 3 期。

邹德文、姜涛：《战略性新兴产业发展中存在的问题及解决思路》，《中国科技产业》2010 年第 11 期。

Andrew J. Davies, J. Murray Roberts, Jason Hall – Spencer, "Preserving Deep – sea Natural Heritage: Emerging Issues in Offshore Conservation and Management", *Biological Conservation*, Volume 138, Issues 3 – 4, September 2007, 299 – 312.

Balakrishnan P., Parameswaran M., Pushpangadan K., Babu M. S., "Liberalization, Marketpower, and Productivity Growth in Indian Industry", *Journal of Policy Reform*, 2006, 9 (1): 55 – 73.

Barnes Kaplinsky, "Industrial Policy Developing Economics: Developing Dynamic Comparative Advantage in South African Automobile Sector", *Competition and Change*, 2004, 8 (2): 153 – 172.

Bianchi, "International Handbook on Industrial Policy", Northampton: Edward Elgar, 2006.

Bonardi J. P., Holburn G. L. F., Bergh R. G. V., "Nonmarket Strategy Performance: Evidencefrom US Electric Utilities", *Academy of Management Journal*, 2006, 49 (6): 1209 – 1228.

Commission of the European Communities, "An Integrated Maritime Policy for the European Union. Brussels", Belgium, 2007.

David Doloreux, Yannik Melançon, "On the Dynamics of Innovation in Quebec's Coastal Maritime Industry", *Technovation*, Volume 28, Issue 4, April 2008, 231 – 243.

David Doloreux, Yannik Melançon, "Innovation – support Organizations in the Marine Science and Technology Industry: The Case of Quebec's Coastal Region in Canada", *Marine Policy*, Volume 33, Issue 1, January 2009, 90 – 100.

David Leary, Marjo Vierros, Gwenaëlle Hamon, Salvatore Arico, Catherine Monagle, "Marine Genetic Resources: A Review of Scientific and Commercial Interest", *Marine Policy*, Volume 33, Issue 2, March 2009, 183 – 194.

Elie Cohen, "Theoretical Foundations of Industrial Policy", *European Investment Bank* (*EIB*) Papers, 2006, Volume11 No. 1.

Hausmann, Rodrik, *Doomed to Choose: Industrial Policy as Predicament Blue Sky Seminar*, 2006.

International Oceanographic Commission, National Ocean Policy, "The Basic Texts from: Australia, Brazil, Canada, China, Colombia, Japan, Norway, Portugal, Russian Federation", United States of America, UNESCO, IOC Technical Series 75. Paris, France, 2007: 4 –41.

International Oceanographic Commission, National Ocean Policy, "The Basic Texts from: Australia, Brazil, Canada, China, Colombia, Japan, Norway, Portugal, Russian Federation", United States of America. UNESCO, IOC Technical Series 75. Paris, France, 2007: 54 –73.

Lall Reinventing Industrial Strategy, "The Role of Government Policy in Build Industrial Competitiveness", The Intergovernmental Group on Monetary Affair and Development, 2003.

Luc L. Soete, "From Industrial to Innovation Policy", *Journal of Industry, Competition and Trade*, 2007, 7 (3): 273 –284.

Mark A. Shields, Lora Jane Dillon, David K. Woolf, Alex T. Ford, "Strategic Priorities for Assessing Ecological Impacts of Marine Renewable Energy Devices in the Pentland Firth (Scotland, UK)", *Marine Policy*, Volume 33, Issue 4, July 2009, 635 –642.

Markus Mueller, Robin Wallace, "Enabling Science and Technology for Marine Renewable Energy", *Energy Policy*, Volume 36, Issue 12, December 2008: 4376 –4382.

National Seagrant Office, "Research and Outreach in Marine Biotechnology: Science Protecting and Creating New Value From the Sea", http: //www. SGA. seagrant. org.

Nicolai Løvdal, Frank Neumann, "Internationalization as a Strategy to Overcome Industry Barriers—An Assessment of the Marine Energy Industry, Original Research Article", *Energy Policy*, In Press, Corrected Proof, Available online 21 December 2010.

Onut S. , Soner S, "Analysis of Energy Use and Efficiency in Turkish Manufacturing Sector *SMEs*", *Energy Conversion and Management*, 2006, 48 (2): 384 – 394.

Philipp R. Thies, Lars Johanning, George H. Smith, "Towards Component Reliability Testing for Marine Energy Converters", Ocean Engineering, In Press, Corrected Proof, Available online 17 December 2010.

Richard G. Hildreth, "Place – based Ocean Management: Emerging U. S. Law and Practice", *Ocean & Coastal Management*, Volume 51, Issue 10, 2008, 659 – 670.

Rodrik D. , "Industrial Policy for the Twenty – first Century", Paper Prepared for Unido, 2004.

The Fisheries and Oceans Canada, "Canada's Oceans Action Plan for Present and Future Generations", Ottawa, Canada, 2005.

索　引

后　记

　　本书是在我的博士论文基础上整理、修改而成，在本书即将付梓之际，我要衷心感谢导师郭佩芳教授和于宜法教授。师从两位老师期间，深深为他们对学术一丝不苟、对事业孜孜不倦追求的精神所感动，他们深厚的学术功底、严谨的治学态度、勤奋的学术作风、优良的工作态度、高超的科研水平和亲切诚恳的长者风范令我受益匪浅，为我今后的工作和生活树立了榜样。本书是在我的两位导师悉心指导下完成的，从本书的选题和构思到本书的撰写和修改，两位导师在百忙之中抽出时间指点启发、诲人不倦，使我不断拓展思维的延展度，在困顿迷茫时找到了方向，最终克服困难完成了写作。客观地说，没有两位导师的悉心栽培和倾力相助，就没有本书收笔的告捷一刻。

　　更让我感动的是，两位导师在关心我学业的同时，也给予我生活上的极大关怀，尤其是以身作则地教会我很多做人的道理，为我的人生道路指明了前进的方向，在此谨向我的恩师郭佩芳教授和于宜法教授致以我最崇高的敬意和最诚挚的谢意。在此，还要特别感谢两位师母给予我的关心与帮助，她们的殷切关怀与细心爱护是我在求学道路上的宝贵财富。

　　感谢中国海洋大学李永祺教授、李凤岐教授、侍茂崇教授、王曙光教授、高艳教授在我博士论文开题与预答辩中精辟的指导与批评，他们的宝贵意见对本书的完善起着非常重要的作用；感谢在学习和写作过程中刘洪滨教授、刘康研究员、郝艳萍研究员以及倪国江老师的指导和帮助；感谢在写作思路上经济学院有关老帅们的提点和帮助。

　　感谢朱云清老师和各位同学的关心和帮助，他们的真诚关怀和深厚友谊一直勉励我勇往直前。

　　感谢我的父母和亲朋好友，父母的无私奉献、亲朋好友的关心鼓励，使我顺利走完漫漫求学之路，他们的关爱给予我克服困难的勇气与决心，是我前进的不竭动力。

最后，瑾以此书，向在我人生道路上帮助、关怀、鼓励我的所有人表示深深的谢意，祝大家幸福安康！

仲雯雯

2015 年 6 月